高等教育"十四五"规划教材

U0176940

材料力学简明教程

内蒙古工业大学力学系材料力学教研组　主　编

天津大学出版社
TIANJIN UNIVERSITY PRESS

图书在版编目(CIP)数据

材料力学简明教程/内蒙古工业大学力学系材料力
学教研组主编. -- 天津：天津大学出版社，2022.1
高等教育"十四五"规划教材
ISBN 978-7-5618-7130-0

Ⅰ.①材… Ⅱ.①内… Ⅲ.①材料力学－高等学校－
教材 Ⅳ.①TB301

中国版本图书馆CIP数据核字(2022)第011915号

出版发行 天津大学出版社
地　　址 天津市卫津路92号天津大学内(邮编:300072)
电　　话 发行部:022-27403647
网　　址 www.tjupress.com.cn
印　　刷 廊坊市海涛印刷有限公司
经　　销 全国各地新华书店
开　　本 185mm×260mm
印　　张 11
字　　数 281千
版　　次 2022年1月第1版
印　　次 2022年1月第1次
定　　价 35.00元

前　言

　　材料力学是土木工程、机械工程、工程力学和材料工程等专业的一门重要专业基础课程，是相关专业的学生学习后续课程、掌握土木和机械工程设计技术所必备的理论基础，在工科人才培养中具有重要地位。

　　目前，全国普通高校制定了适应工科学生终身发展和社会需要的核心素养体系和学业标准体系，建立了"以学生为中心"的培养体系，课程体系建设要求注重实践创新性和工程教育通识性，并加强素质教育、培养创新精神。根据新的培养计划，本课程的教学总学时数大幅度减少，学生运用力学知识解决实际工程问题的能力要有所加强。现有教材篇幅较长、理论性强，为进一步提高教育教学水平，推进教育教学改革，构建科学合理的应用型教学体系，学生迫切需要适应学时少、工程概念强的材料力学课程教学。为此，内蒙古工业大学力学系组织六位具有多年教学实践经验的教师编写了本教材。在本教材编写过程中，教师将教学过程中的重点和难点问题进行了归纳整理，教材中的例题也是教师在多年授课过程中精挑细选所得，力求在有限的学时内，使学生掌握材料力学的基本概念和基本理论，提高分析问题和解决力学问题的能力。

　　本书由内蒙古工业大学李磊、王晔担任主编，姜爱峰担任副主编。具体编写分工如下：王晔负责绪论，弯曲变形的部分内容，应力状态、强度理论及应用的编写与审核工作；李磊负责轴向拉伸和压缩、剪切的编写与审核工作；姜爱峰负责弯曲内力、弯曲应力的部分内容，超静定问题简介，压杆稳定，扭转和动载荷的编写与审核工作；郭俊宏负责弯曲应力和弯曲变形部分内容的编写与审核工作；韦广梅、杨诗婷负责教材的审核校对工作。

　　由于各院校、各专业对力学基础的要求存在差异，因此建议教师在使用本教材时根据本专业的教学要求、学时安排和学生基础自行选用相关章节。

　　本教材的编写得到了内蒙古工业大学教务处、内蒙古工业大学理学院以及力学系的大力支持，在此致以衷心的感谢！

　　由于编者水平有限，教材中难免有疏漏与错误之处，恳请广大教师和读者批评指正。

编者

2021 年 10 月

目　　录

第1章 绪论

1.1 材料力学的任务

在工程实际中,结构物或机械一般由各种零件组成。当结构物或机械工作时,这些构件就会承受一定的载荷,即力的作用。结构物或机械要正常工作,就要求组成它们的构件有足够的承担载荷的能力。

衡量构件承载能力的三个主要指标如下。

(1)构件必须具有足够的强度,即构件在外力作用下具有足够的抵抗破坏的能力。

事例1:辽宁盘锦田庄台大桥在严重超载情况下,重载冲击力使大桥第9孔悬臂端预应力结构瞬间脆性断裂,致使桥板坍塌,如图1.1所示。

事例2:加拿大特朗斯康谷仓地基因超载而发生强度破坏,致使地基沉降,建筑倾倒,如图1.2所示。

图1.1

图1.2

(2)构件必须具有足够的刚度,即构件在外力作用下具有足够的抵抗变形的能力。

事例1:如果钻床的立柱由于刚度不足而引起变形,则会对加工工件的精度和质量产生很大影响,如图1.3所示。

事例2:车身刚度不足会导致车在高速行驶的过程中产生大变形(由于空气阻力)或在突然遇到冲击时发生大变形,从而引起安全事故,如图1.4所示。

图1.3

图1.4

（3）构件必须具有足够的稳定性,即构件必须具有足够的保持原有平衡状态的能力。

例如,自卸车的液压支撑杆(图1.5)、导弹发射架的推升机构(图1.6)、建筑施工中的脚手架(图1.7),如果它们在外载荷的作用下不能保持其原有平衡状态,都极易发生稳定性破坏,造成重大安全事故。

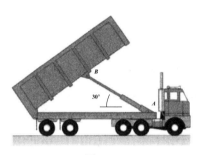

图 1.5

图 1.6

图 1.7

构件的强度、刚度和稳定性与构件的材料、截面形状与尺寸有关。材料力学就是通过对构件承载能力的研究,设计出杆状构件或零部件的合理形状和尺寸,以保证它们具有足够的强度、刚度和稳定性。

1.2　变形固体的基本假设

1. 工程构件的分类

1）体

在空间三个方向具有相同量级的尺度,这种弹性体称为体,如图1.8 所示。

2）板

空间一个方向的尺度远小于其他两个方向的尺度,且各处曲率均为零,这种弹性体称为板,如图1.9 所示。

图 1.8

图 1.9

3）壳

空间一个方向的尺度远小于其他两个方向的尺度,且至少有一个方向的曲率不为零,这种弹性体称为壳,如图 1.10 所示。

4）杆

空间一个方向的尺度远大于其他两个方向的尺度,这种弹性体称为杆,如图 1.11 所示。

图 1.10

图 1.11

2. 变形固体基本假设

1）连续性假设

连续性假设认为变形固体整个体积内都被物质连续地充满,没有空隙和裂缝。如图 1.12 所示的球墨铸铁的显微组织和如图 1.13 所示的普通钢材的显微组织,固体体积内有空隙和裂缝,对固体材料进行假设,认为材料是连续地充满整个固体体积。

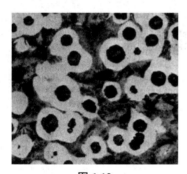

图 1.12

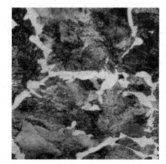

图 1.13

2）均匀性假设

均匀性假设认为变形固体整个体积内各点处的力学性质相同。如图 1.14 所示的普通钢材的显微组织,假设固体材料均匀分布。

图 1.14

3)各向同性假设

各向同性假设认为变形固体各个方向上具有相同的宏观力学性能,如弹性常数、强度指标、韧性指标等,金属材料一般为各向同性材料。

1.3　应力与应变

1. 内力

弹性体受力后,由于变形,其内部各点均会发生相对位移,因而产生附加的相互作用力。

内力的分析方法:将弹性体截开,分成两部分,考虑其中任意一部分处于平衡状态,从而确定横截面上内力的方法,称为截面法。如图 1.15(a)所示,构件受到力 F_1,F_2,…,F_n 的作用,若求某一截面的内力,只需在该截面位置将构件假想地截开,如图 1.15(b)所示,选取其中任意一部分构件,根据平衡方程即可求出截面内力。如图 1.15(c)所示选取左半部分为研究对象,计算出截面的内力的主矢 F_R,内力的主矩为 M。

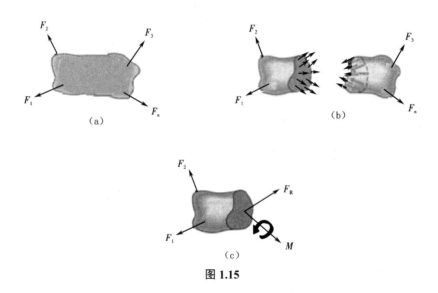

图 1.15

2. 应力

在大多数情形下,工程构件的内力并非均匀分布的,集度的定义不仅准确而且重要,因为"破坏"或"失效"往往从内力集度最大处开始。分布内力在一点的集度称为应力。将截面上点的应力进行分解,可以分解为三个,方向垂直于截面的应力称为正应力,用符号 σ 表示;位于截面内的应力称为切应力,用符号 τ 表示。如图 1.16 所示,在 A 点处有一个正应力和两个切应力,应力的计算如下。

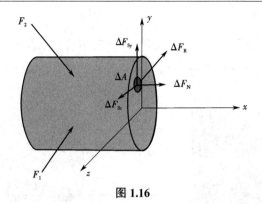

图 1.16

$$\tau = \lim_{\Delta A \to 0} \frac{\Delta F_S}{\Delta A} \,,\ \sigma = \lim_{\Delta A \to 0} \frac{\Delta F_N}{\Delta A}$$

需要注意：（1）受力物体内各截面上每点的应力一般是不相同的，它随着截面和截面上每点的位置不同而改变，因此在说明应力性质和数值时必须说明它所在的位置；

（2）应力是一个向量，其量纲是 [力]/[长度]²，单位为牛顿 / 米 ²，称为帕斯卡，简称帕（ Pa ），工程上常用兆帕（ MPa ）$=10^6$ Pa 或吉帕（ GPa ）$=10^9$ Pa。

3. 应变

物体在受到外力作用时会产生一定的变形，变形的程度称为应变。应变主要有线应变和角应变两类。线应变又叫正应变，它是某一方向上的微小线段因变形产生的长度增量（伸长时为正）与原长度的比值；角应变又叫剪应变或切应变，它是两个相互垂直方向上的微小线段在变形后夹角的改变量（以弧度表示，角度减小时为正）。以图 1.17 所示的微六面体（单元体）的形状改变来度量构件某点的变形。

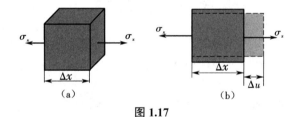

图 1.17

1）正应变

正应变表示棱边长度的变化，用符号 ε 表示。线段的绝对变形用 Δu 表示，则线段的正应变（相对变形）为

$$\varepsilon = \lim_{\Delta x \to 0} \frac{\Delta u}{\Delta x}$$

平均正应变为

$$\bar{\varepsilon} = \frac{\Delta u}{\Delta x}$$

正应变为无量纲量，且过同一点不同方位的正应变一般不同。

2）切应变

微体相邻棱边所夹直角的改变量,称为切应变,用符号 γ 表示 。由图 1.18 可以看出直角改变量为 $\gamma=\alpha+\beta$,切应变 γ 的单位为 rad。

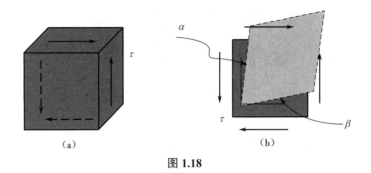

图 1.18

1.4　杆件变形的基本形式

杆件的受力形式多种多样,材料力学最主要的研究对象是等直杆。杆具有两个几何要素:一个是垂直于杆长度方向的截面,称为横截面;另一个是各横截面中点的连线,称为轴线,如图 1.19 所示。

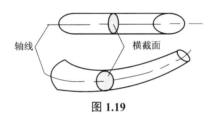

图 1.19

杆件的基本变形主要有以下四种形式。

1. 轴向拉伸与压缩

杆件在作用线与杆的轴线重合的外力或外力合力的作用下,沿杆轴线方向伸长或缩短,如图 1.20 所示。

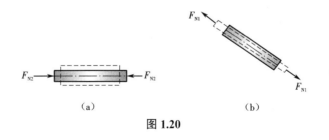

图 1.20

2. 剪切

杆件受两组大小相等、方向相反、作用线相距很近(差一个几何平面)的平行力系作用,杆件沿两组平行力系的交界面发生相对错动,这种变形称为剪切变形,如图 1.21 所示。

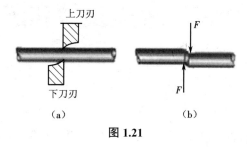

图 1.21

3. 扭转

外力的合力为一力偶,且力偶的作用面与直杆的轴线垂直,杆发生的变形称为扭转变形,如图 1.22 所示。

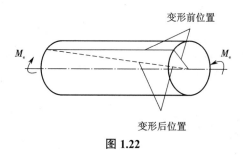

图 1.22

4. 弯曲

杆受垂直于轴线的外力或外力偶的作用时,轴线变成曲线,这种变形称为弯曲变形。如图 1.23 所示,吊车梁受自重与吊车重量的作用,将产生弯曲变形。

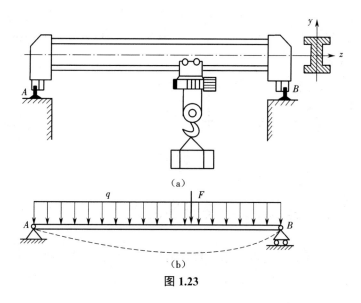

图 1.23

第2章 轴向拉伸和压缩

2.1 概述

工程中有很多承受拉伸或压缩的构件,例如砖柱受压(图2.1),塔吊中的吊杆受拉(图2.2)。这些受拉或受压的构件除连接部分外都是等直杆,作用于杆件上的外力(或外力合力)的作用线与杆件轴线重合,其主要变形是轴向伸长或缩短。这种变形形式就是轴向拉伸或压缩,这类构件称为拉(压)杆。

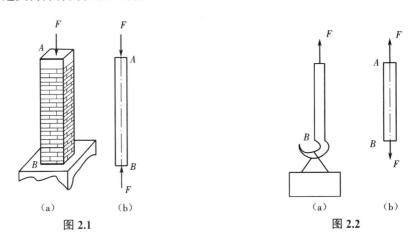

图2.1　　　　　　　　图2.2

如果不考虑实际拉(压)杆端部的具体连接情况,将杆件的形状和受力情况进行简化,可以简化成图2.3,即等直杆在两端各受一集中力 F 作用,两个力 F 大小相等,方向相反,且作用线与杆件轴线重合。

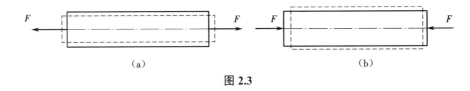

图2.3

2.2 轴向拉伸(压缩)时横截面上的内力

欲求出拉(压)杆横截面上的内力,可应用截面法,即沿横截面 $m—m$ 假想地把杆件分成两部分,如图2.4所示。杆件左、右两段在横截面 $m—m$ 上相互作用的水平内力是一个分布力系,其合力为 F_N(图2.4)。

由共线力系的平衡可知,水平内力的合力 F_N 的作用线与杆件的轴线重合,这种内力称为**轴力**,并规定用符号 F_N 表示。

为了使由不同部分所得同一截面 *m—m* 上的轴力具有相同的正负号,联系变形的情况,通常规定:轴力**背离截面**拉伸时为正,称为拉力;轴力**指向截面**压缩时为负,称为压力。

若沿杆件轴线作用的外力多于两个,则在杆件各部分的横截面上,轴力各不相同。为表明横截面上的轴力随横截面位置而变化的情况,可按选定的比例尺,作轴力图来表示。

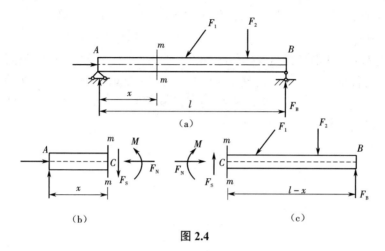

图 2.4

关于轴力图的绘制,见以下例题。

例 2.1　试作出如图 2.5 所示杆件的轴力图。

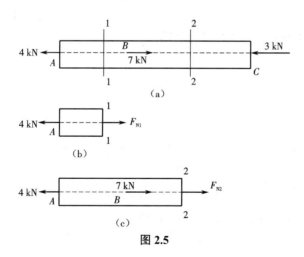

图 2.5

解　(1)计算各段轴力。

在 *AB* 段内,沿截面 1—1 将杆假想地截开,取左段为研究对象。假设该截面上的轴力 F_{N1} 为拉力(图 2.5(b)),由平衡方程

$$\sum F_x = 0, F_{N1} - 4 = 0$$

解得

$$F_{N1} = 4 \text{ kN}$$

结果为正值,表明原来按拉力假设 F_{N1} 的方向正确。

在 BC 段内，任取截面 2—2，将杆件假想地截开，假设该截面上的轴力 F_{N2} 为拉力（图 2.5(c))，考虑左段的平衡，有

$$\sum F_x = 0, F_{N2} + 7 - 4 = 0$$

解得

$$F_{N2} = -3\ kN$$

结果为负值，表明假设的 F_{N2} 方向与实际的轴力方向相反，即 F_{N2} 应该是压力。

（2）画出轴力图。

取 x-F_N 坐标系，其横坐标 x 表示横截面的位置，纵坐标 F_N 表示相应截面上的轴力，便可用图线表示沿杆轴线轴力变化的情况（图 2.6），这种图线即为轴力图。在轴力图中，将拉力绘在 x 轴的上侧，压力绘在 x 轴的下侧。这样，轴力图不但显示出各段内轴力的大小，而且还表示出各段内的变形是拉伸还是压缩。

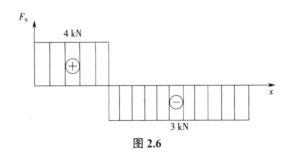

图 2.6

2.3 直杆轴向拉伸(压缩)时的应力

2.3.1 横截面上的应力

在确定拉(压)杆的轴力以后，仍无法判断杆在外力作用下是否会因强度不足而破坏，还要用横截面上的应力来度量杆件的受力程度。

在拉(压)杆的横截面上，与轴力 F_N 对应的应力是法向应力(正应力)。由于假设杆件是均匀连续的变形固体，因此内力在截面上是连续分布的。若以 A 表示横截面面积，则微分面积 dA 上的内力元素组成一个垂直于横截面的平行力系，其合力就是轴力 F_N。于是得静力关系

$$F_N = \int \sigma dA \tag{2.1}$$

现从研究杆件的变形入手来找应力的分布规律。杆件变形前，在其侧表面上画出一系列纵向线和一系列横向线（图 2.7），拉伸变形后，可观察到如下现象：

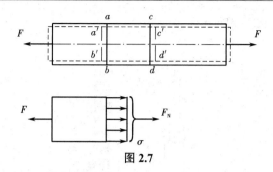

图 2.7

（1）杆件被拉长，但是各横线仍保持为直线，任意两条相邻横线（如 *ab* 和 *cd*）相对地沿轴线平行移动了一段距离；

（2）变形后，各横线仍垂直于纵线（轴线），原来的矩形网格仍为矩形。

根据上述现象，可以假设变形前原为平面的横截面，变形后仍保持为平面且仍垂直于轴线，这就是**平面假设**。直杆轴向拉压时，横截面上各点处只产生线应变，不产生剪应变，因此可以推断，直杆轴向拉压时，横截面上只产生正应力。设想杆是由许多纵向纤维组成的，则根据平面假设可知，在任意两横截面间，每条纤维的伸长都相等，即横截面上各点处的变形量都相等。因为材料是均匀的，故所有纵向纤维的力学性能相同。由它们的变形相等和力学性能相同，可推断各纵向纤维的受力是一样的，即横截面上各点的正应力相等，也即正应力均匀分布于横截面上，正应力等于常量。于是，得

$$\sigma = \frac{F_N}{A} \tag{2.2}$$

式（2.2）同样可用于 F_N 为压力时的压应力计算。

关于正应力的符号，一般规定**拉应力为正，压应力为负**，即与轴力 F_N 的符号一致。

导出式（2.2）时，要求外力合力与杆件轴线重合，这样才能保证各纵向纤维变形相等，横截面上正应力均匀分布。而这一结论只有在杆上离外力作用点稍远的部分才适用，在外力作用点附近的应力情况则比较复杂。但是，圣维南原理指出：力作用于杆端方式的不同，只会使与杆端距离不大于杆的横向尺寸的范围受到影响。这一原理已被实验所证实，故在拉（压）杆的应力计算中，除杆端外，都以式（2.2）为准。

例 2.2　一个横截面为正方形的阶梯砖柱，其受力情况、各段长度和横截面尺寸如图 2.8（a）所示，已知 $F=60$ kN。试求该阶梯砖柱横截面上的最大正应力。

解　（1）作轴力图。

阶梯砖柱的轴力图如图 2.8（b）所示。

（2）计算正应力。

AB 段：$\sigma_1 = \dfrac{F_{N1}}{A_1} = \dfrac{-60 \times 10^3}{240 \times 240} = -1.04 \text{ MPa}$

BC 段：$\sigma_2 = \dfrac{F_{N2}}{A_2} = \dfrac{-180 \times 10^3}{370 \times 370} = -1.31 \text{ MPa}$

可见阶梯砖柱横截面上的最大正应力在柱的 BC 段内，即

$$\sigma_{\max} = \sigma_2 = -1.31 \text{ MPa}$$

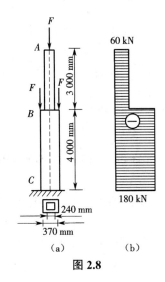

图 2.8

例 2.3　如图 2.9（a）所示三角支架，已知 AB 为直径 d=15 mm 的圆形截面杆，AC 为边长 a=80 mm 的正方形截面杆，F=5 kN。试求两杆横截面上的应力。

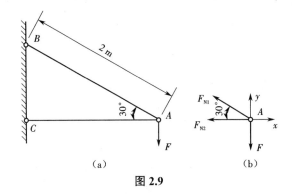

图 2.9

解　（1）计算两杆的轴力。

建立如图 2.9（b）所示坐标系，由平衡方程

$$\sum F_x = 0, \quad -F_{N1}\cos 30° - F_{N2} = 0$$

$$\sum F_y = 0, \quad F_{N1}\sin 30° - F = 0$$

解得

$$F_{N1} = 10 \text{ kN} \qquad\qquad F_{N2} = -8.66 \text{ kN}$$

（2）计算两杆的应力。

AB 杆的应力：

$$\sigma_1 = \frac{F_{N1}}{\pi \times d^2 / 4} = \frac{4 \times 10 \times 10^3}{\pi \times 15^2 \times 10^{-6}} = 56.62 \times 10^6 \text{ Pa} = 56.62 \text{ MPa}$$

AC 杆的应力：

$$\sigma_2 = \frac{F_{N2}}{a^2} = \frac{-8.66 \times 10^3}{80^2 \times 10^{-6}} = -1.35 \times 10^6 \ \text{Pa} = -1.35 \ \text{MPa}$$

2.3.2　斜截面上的应力

前面介绍了轴向拉(压)杆横截面上的正应力,但没有讨论在其他方向截面上的应力情况。不同材料的试验表明,拉(压)杆的破坏并不总是沿横截面发生的,为全面了解杆件的强度,下面进一步讨论斜截面上的应力。

设直杆的轴向拉力为 F,横截面面积为 A,用任意斜截面 m—m 将杆件假想地截开,如图 2.10 所示。

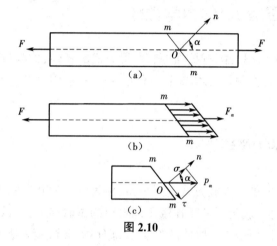

图 2.10

设杆件横截面面积为 A,斜截面面积为 A_α,由几何关系可得

$$A_\alpha = \frac{A}{\cos\alpha}$$

则斜截面上各点的应力为

$$p_\alpha = \frac{F_\alpha}{A_\alpha} = \frac{F\cos\alpha}{A} = \sigma\cos\alpha$$

式中　F_α——α 斜截面上的内力;

　　　σ——横截面上的正应力。

将应力沿斜截面的法向和切向分解,如图 2.10(c)所示,得斜截面上的正应力和剪应力分别为

$$\sigma_\alpha = p_\alpha \cos\alpha = \sigma\cos^2\alpha$$

$$\tau_\alpha = p_\alpha \sin\alpha = \frac{\sigma}{2}\sin 2\alpha$$

讨论上述公式可得出如下结论。

(1)在不同方位的截面上,应力是不同的。任意截面上的正应力和剪应力都是截面方位角的函数。

（2）过一点的所有截面上的应力有确定的关系，只要求得横截面上的正应力，则任意斜截面上的正应力 σ 和剪应力 τ 就完全确定了。

（3）注意以下几个特殊截面上的应力情况：

①当 $\alpha=0$ 时，正应力 σ 达极大值 $\sigma_{max}=\sigma$，即轴向拉（压）杆中的最大正应力发生在横截面上；

②当 $\alpha=45°$ 时，剪应力 τ_α 有极值 $\tau_{max}=\sigma/2$，即轴向拉（压）杆中 45° 截面上产生最大剪应力；

③当 $\alpha=90°$ 时，$\sigma_{90°}=\tau_{90°}=0$，即轴向拉（压）杆在平行于杆轴的纵向截面上不产生任何应力。

2.4　材料拉伸（压缩）时的力学性能

材料在外力作用下所呈现的有关强度和变形方面的特性，称为材料的力学性能。材料的力学性能一般通过试验测定。本节主要介绍一部分常用材料在拉伸和压缩时的力学性能。

2.4.1　材料拉伸时的力学性能

在室温下，以缓慢平稳的加载方式进行试验，称为常温静载试验，拉伸试验是测定材料力学性能的基本试验之一。为了便于比较不同材料的试验结果，对试样的形状、加工精度、试验环境等，国家标准《金属材料 拉伸试验 第 1 部分:室温试验方法》（ GB/T 228.1—2010 ）都有统一规定。试验前，在试样的中间等直部分取长为 l 的一段（图 2.11）作为试验段，且 l 称为标距。对圆形截面，标准试样的标距 l 与其横截面直径 d 有两种比例，即

$$\left.\begin{array}{l} l =10d \\ l =5d \end{array}\right\} \tag{2.3}$$

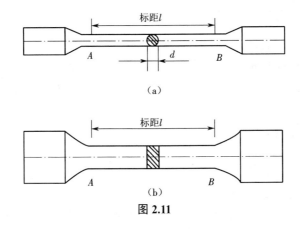

图 2.11

下面以工程中常用的低碳钢和铸铁这两类材料为主，讨论力学性能。

1. 低碳钢拉伸时的力学性能

所谓低碳钢,是指含碳量在 0.3% 以下的碳素钢,它是工程上使用非常广泛的材料。这类钢材在拉伸试验中表现出的力学性能比较典型。

试样装在试验机上,受到缓慢增加的拉力作用而产生变形。对应每一时刻的拉力 F,可测出试样标距 l 的伸长量 Δl。表示 F 和 Δl 的关系曲线称为拉伸图或 F-Δl 曲线,如图 2.12 (a)所示。

拉伸图与试样的尺寸有关,若将拉伸图的纵坐标即载荷 F 除以试样横截面的原面积 A,得出正应力 $\sigma = F/A$;并将其横坐标即伸长量 Δl 除以标距的原始长度 l,得出应变 $\varepsilon = \Delta l/l$。此时,得到的曲线以 σ 为纵坐标, ε 为横坐标,该曲线称为应力 – 应变图或 σ-ε 曲线,如图 2.12 (b)所示。根据试验结果,低碳钢的力学性能大致如下。

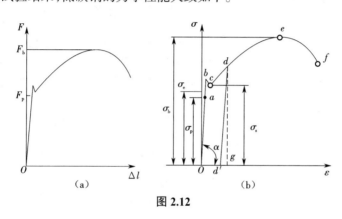

图 2.12

1)弹性阶段

在拉伸的初始阶段, σ 与 ε 的关系如图 2.12 (b)中直线 Oa 所示,表示在这一阶段内应力 σ 与应变 ε 成正比,即

$$\sigma = E\varepsilon \qquad\qquad (2.4)$$

式(2.4)为拉伸或压缩的胡克定律,其中 E 为与材料有关的比例常数,称为弹性模量。由于应变 ε 为无量纲量,故 E 的量纲与 σ 相同,即为帕(1 Pa=1 N/m^2),常用的 1 GPa $=10^9$ Pa。a 点所对应的应力值称为材料的**比例极限**,用 σ_p 表示。显然,只有应力低于比例极限时,应力才与应变成正比,材料才服从胡克定律,称材料是线弹性的。

注意:比例极限只是一个理论上的定义,为便于实际测定,应以发生非比例伸长值作定义,故 σ_p 的最新定义在国家标准中称为"规定非比例伸长应力"。

超过 a 点后,图线不再保持直线, ab 段的图线微弯,但在 ab 段内卸除载荷后变形可完全消失,故称试样产生的变形是完全弹性变形。**弹性极限** σ_e 是材料由弹性变形过渡到弹塑性变形时的应力,应力超过 σ_e 便开始出现塑性变形(不能随载荷卸除而消失的变形)。

2)屈服阶段

低碳钢这类材料,从弹性变形阶段向塑性变形阶段过渡十分明显,表现在应力增加到一定数值时突然下降,随后在应力不增加或应力在一微小范围内波动的情况下,变形继续增大,这便是**屈服现象**。在锯齿状屈服平台中,突然下降点称为上屈服点,不计初始瞬时效应的最低应力点称为下屈服点。由于上屈服点波动性大,对试验条件变化敏感,而在正常试验条件下,下屈服点再现性较好,所以工程上以下屈服点作为材料的**屈服极限** σ_s。屈服阶段的变形是不均匀的,从上屈服点下降到下屈服点时,在试样局部区域表面开始形成与拉伸轴约成 45° 的皱纹形带状变形区域,如图 2.13(a)所示;然后沿试样长度方向逐渐扩展,当滑移线布满整个工作段长度时,屈服伸长结束,试样进入均匀塑性变形阶段。屈服现象不仅在退火、正火、调质的中低碳钢中有,在铜、铝及其合金中也有,并且屈服现象还有时效效应。

　　3)强化阶段

　　屈服阶段结束后,材料又恢复了抵抗变形的能力,增加拉力可使它继续变形,这样的现象称为材料的强化。强化阶段中的最高点 e 所对应的应力 σ_b 是材料能承受的最大应力,称为**强度极限**或**抗拉强度**,它是衡量材料强度的另一重要指标。

　　4)局部变形阶段

　　在图线到达 e 点以前,试样在标距范围内的变形,通常是沿纵向均匀地伸长,沿横向均匀地收缩。到达 e 点后,试样的变形将集中于某一局部长度内,此处横截面将显著缩小,产生颈缩现象,如图 2.13(b)所示。由于颈缩部分横截面面积迅速减小,导致试样继续变形所需的拉力 F 反而减小,直至最后将试件拉断。因而,图线下降至 f 点,ef 段称为局部变形阶段。

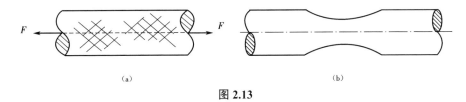

(a)　　　　　　　　　　　　　　　　　　(b)

图 2.13

　　5)卸载定律和冷作硬化

　　在拉伸过程的不同阶段进行卸载试验,材料将有不同表现。

　　(1)在弹性阶段 Oa 内卸载时,应力和应变图线将沿直线 aO 回到 O 点,直至应力降为零,应变 ε 也完全消失,所以直线 Oa 既是加载曲线,也是卸载曲线。

　　(2)超过比例极限以后,例如在强化阶段的某点 d 开始卸载(图 2.12),卸载曲线 dd' 为一斜直线,几乎平行于直线 Oa。即在卸载过程中,应力和应变按直线规律变化,这就是卸载定律。拉力完全卸除后,应力–应变图中,$d'g$ 表示消失的弹性变形,而 Od' 表示不再消失的塑性变形。卸载后,如在短期内再次加载,则应力和应变大致上沿卸载时的斜直线 dd' 变化,然后由 d 点按原来的应力–应变曲线变化至 f 点。可见在再次加载时,直到 d 点以前材料的变形是弹性的,过 d 点后才开始出现塑性变形,这时保持应力与应变成正比关系的应力最高限为 d 点所对应的应力,与同一材料未经卸载的应力–应变图相比较,材料的比例极限提高,而断裂时的残余应变减小,这种现象称为**冷作硬化**。工程中常利用冷作硬化来提高构件在弹性范围内所能承受的最大载荷,冷作硬化现象经退火后可消除。

　　6)低碳钢的主要材料性能指标

　　从应力–应变图可得到一系列材料性能指标。

（1）强度指标：屈服极限 σ_s 和强度极限 σ_b 是衡量材料强度性能的两个重要指标。屈服极限标志着材料出现了显著的塑性变形；强度极限则标志着材料将失去承载能力。

（2）塑性指标：从应力－应变图可见，试样拉断后，残留着残余变形，标距段的长度由 l 变为 $l+\Delta l$，残余变形 Δl 与标距原长 l 之比的百分数称为材料的**延伸率**，用 δ 表示，即

$$\delta = \frac{\Delta l}{l} \times 100\% \tag{2.5}$$

延伸率能够衡量材料塑性变形的程度，是材料的重要塑性指标。δ 的大小与 l、A 密切相关，对于同一材料而具有不同长度的试样，或对于不同材料的试样，要得到可资比较的延伸率 δ，必须使 $l/\sqrt{A}$ 的比值为一常数。

据此，工程中按延伸率 δ 的大小把材料分为两大类：$\delta>5\%$ 的材料称为塑性材料；$\delta<5\%$ 的材料称为脆性材料。结构钢、硬铝、青铜、黄铜等属于塑性材料，其中低碳钢是典型金属塑性材料，A3 钢的延伸率 $\delta=20\%\sim30\%$；铸铁、高碳工具钢、混凝土、石料等属于脆性材料，其中铸铁是典型的金属脆性材料。

除延伸率以外，还可以用**断面收缩率**作为材料的塑性指标，用 ψ 表示。设试样横截面的原始面积为 A，断裂后断口处的横截面面积为 A_1，则

$$\psi = \frac{A - A_1}{A} \times 100\% \tag{2.6}$$

2. 铸铁拉伸时的力学性能

灰口铸铁拉伸时的应力－应变关系是一段微弯曲线（图 2.14），从铸铁拉伸的试验现象及应力－应变图中可以得出以下几个特点：

（1）从试样开始受力直至被拉断，变形始终很小，断裂时的应变只不过为原长的 0.4%～0.5%，断口垂直于试样轴线；

（2）拉伸过程中既无屈服阶段，也无颈缩现象，而只能在拉断时测得强度极限，且其值远低于低碳钢的强度极限；

（3）应力不大时，即开始时应力与应变间不成正比，因而应力－应变图中没有明显的直线阶段。

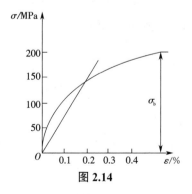

图 2.14

3. 其他塑性材料拉伸时的力学性能

工程中常用的塑性材料，除低碳钢外，还有中碳钢、某些高碳钢和合金钢、铝合金、青铜、

黄铜等,它们的拉伸试验,与低碳钢拉伸试验方法相同,但由于材料不同,各自的力学性能和应力 – 应变图线有明显差别。图 2.15(a)所示是几种塑性材料的应力 – 应变曲线。

从图中可见,有些材料,如青铜和球墨铸铁,没有屈服阶段,但其他三个阶段却很明显;还有些材料,如锰钢和硬铝,没有屈服阶段和局部变形阶段,只有弹性阶段和强化阶段。

对没有明显屈服阶段的塑性材料,可以将产生 0.2% 塑性应变时的应力作为屈服指标,并用 $\sigma_{0.2}$ 来表示,如图 2.15(b)所示。

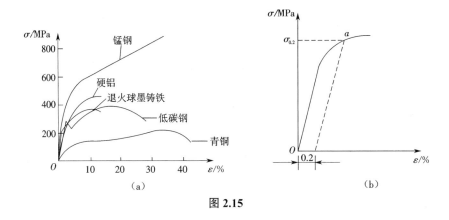

图 2.15

2.4.2 材料压缩时的力学性能

材料的压缩试验也是测定材料力学性能的基本试验之一。金属材料的压缩试样一般为圆柱形,为避免试样被压弯,圆柱不能太高,通常取试样高度为直径的 2.5~3.5 倍。混凝土、石料等则制成立方体试块。

低碳钢压缩时的应力 – 应变曲线如图 2.16 所示。在屈服阶段以前,压缩曲线与拉伸曲线基本重合,这说明低碳钢压缩时的弹性模量、比例极限、屈服极限均与拉伸时基本相同,进入强化阶段后,压缩曲线一直上升,这是因为随着压力的不断增加,试样越压越扁,截面面积越来越大,因而承受的压力随之提高,试样产生很大的塑性变形而不断裂,因此无法测出低碳钢的压缩强度极限,但可从拉伸试验测定出低碳钢压缩时的主要性能。

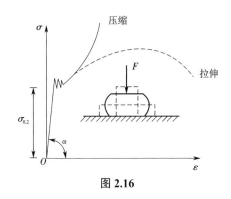

图 2.16

　　脆性材料压缩时的力学性能与拉伸时有较大差异,如图 2.17 所示为铸铁压缩时的应力 - 应变曲线(图中虚线为拉伸曲线)。由图可见,试样在较小的变形下突然破坏。破坏断面的法线与轴线成 45°~55° 的倾角,说明铸铁压缩时,试样沿最大剪应力面发生错动而被剪断。铸铁的抗压强度极限比它的抗拉强度极限高 4~5 倍。其他脆性材料,如混凝土、石料等,抗压强度也远高于抗拉强度,混凝土的抗拉强度为抗压强度的 1/20~1/5。

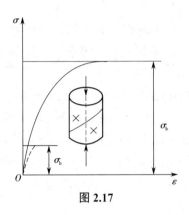

图 2.17

　　脆性材料抗拉强度低、塑性性能差,但抗压能力强,且价格低廉,可作为抗压构件的材料。铸铁坚硬耐磨、易于浇铸成形状复杂的零部件,广泛用于铸造机床床身、机座、缸体及轴承座等受压零部件;混凝土作为非金属的人造材料更是广泛用于工业与民用建筑当中。因此,脆性材料的压缩试验比拉伸试验更为重要。

2.5　失效、安全系数和强度计算

　　如前所述,设计者选择的构件材料及尺寸应能满足预定的功能要求而不致失效。针对失效构件或结构不再起预定作用的状态或情况,下面简单介绍失效的几种类型。

　　(1)弹性失效的特点是过量的弹性变形,若机床主轴变形过大,即使未出现塑性变形,也不能保证加工精度,使构件满足刚性条件可避免弹性失效。

　　(2)滑移失效的特点是由于滑移而产生过量的塑性变形,屈服极限标志静载荷下构件滑移失效。

　　(3)蠕变失效的特点是在不变的应力下经过一段长时间而产生过量的塑性变形,对于长期承受相对高应力、高温或两者兼有的机器或结构,蠕变极限是一个设计的依据,蠕变极限通常随温度的升高而下降。

　　在此主要讨论强度方面的问题,以脆性材料断裂时的应力和塑性材料达到屈服时的应力作衡量指标,即将强度极限 σ_b 和屈服极限 σ_s 作为构件失效时的极限应力 σ_u。为保持构件有足够的强度,在载荷作用下构件的实际应力(称工作应力)显然应低于极限应力。强度计算中,以大于 1 的系数除极限应力,并将所得结果称为许用应力,用 $[\sigma]$ 表示。

对于塑性材料

$$[\sigma] = \frac{\sigma_s}{n_s} \tag{2.7}$$

对于脆性材料

$$[\sigma] = \frac{\sigma_b}{n_b} \tag{2.8}$$

式中大于 1 的系数 n_b 或 n_s 称为安全系数。安全系数是一个人为选定的数,反映为构件规定多少倍的强度储备,合理选定安全系数是一个很重要且复杂的问题。确定安全系数应考虑的因素一般有以下几点。

(1)材料的均匀性:试验往往要损坏材料,因此结构中所用材料的性质不能直接测定;由于材料组织并不具有理想的均匀性,同一种材料测出的力学性能是在某一范围内变动的。对组织较均匀的材料,安全系数可取得较小些;反之,安全系数就取得较大些。

(2)载荷估计的准确性:结构所承受的载荷通常是估计的,如机床的切削力、内燃机曲轴承受的爆发力、构件所受的冲击力,实际载荷可能与估计的值有差异,尤其构件工作中有时会遇到意外的超载等更是如此。

(3)计算简图及计算方法的准确性:实际结构是比较复杂的,它与设计计算所用的计算简图不可避免地存在差异,因而计算结果存在误差。

另外,构件在结构中的重要性、工作条件、损坏后造成后果的严重程度、制造和修配的难易程度也要考虑。

上述因素足以影响安全系数的确定,因此确定安全系数时,应综合考虑多方面的因素。一般安全系数可定义为产生失效的载荷与估计的实际载荷之比,也可定义为材料的强度与最大计算应力之比。材料在动载荷作用下的安全系数还可定义为产生失效(滑移或断裂)所需要的单位体积应变能与计算的最大单位体积应变能之比。如果不说明所依据的条件,安全系数这个词是没有意义的。在这方面,有关部门编制了一些规范和手册,可供选取安全系数时参考。

为确保拉(压)杆不致因强度不足而破坏,应使其最大工作应力 σ_{max} 不超过许用应力 $[\sigma]$,即

$$\sigma_{max} \leqslant [\sigma] \tag{2.9}$$

对等截面直杆,轴向拉压时的强度条件为

$$\sigma_{max} = \frac{F_N}{A} \leqslant [\sigma] \tag{2.10}$$

例 2.4　如图 2.18(a)所示三角架,AB 为钢杆,且 $[\sigma]_1 = 40$ MPa,$A_1 = 4$ cm²;BC 为木杆,且 $[\sigma]_2 = 10$ MPa,$A_2 = 100$ cm²,A、B、C 连接处均可视为铰接。试从强度方面计算竖向载荷 F 的最大许用值。

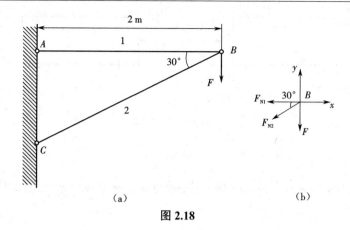

图 2.18

解　（1）静力分析。

建立坐标系如图 2.18（b）所示，由平衡方程

$$\sum F_y = 0,\ -F - F_{N2}\sin 30° = 0$$

$$\sum F_x = 0,\ -F_{N1} - F_{N2}\cos 30° = 0$$

解得

$$F_{N2} = -2F$$

$$F_{N1} = \sqrt{3}F$$

（2）分别按两杆的强度条件计算载荷 F。

AB 杆：$\sigma_1 = \dfrac{F_{N1}}{A_1} \leqslant [\sigma]_1$　　$F \leqslant 9.2\ \text{kN}$

BC 杆：$\sigma_2 = \dfrac{F_{N2}}{A_2} \leqslant [\sigma]_2$　　$F \leqslant 50\ \text{kN}$

因为要同时满足两杆的强度，所以 F=9.2 kN。

2.6　轴向拉伸（压缩）的变形

如前所述，失效可能是由于过大的弹性变形引起的，为防止这一失效，可规定最大的变形。下面讨论变形的计算。

设等直杆的原长度为 l（图 2.19），横截面面积为 A，承受一对轴向拉力 F 的作用而伸长为 l_1，则杆的纵向伸长量为

$$\Delta l = l_1 - l \tag{2.11}$$

纵向伸长量 Δl 只反映杆的总变形量，无法说明杆的变形程度。由于拉杆各段的伸长是均匀的，将 Δl 除以 l 得杆件轴线方向的线应变为

$$\varepsilon = \frac{\Delta l}{l} \tag{2.12}$$

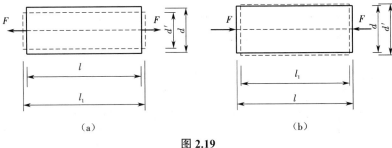

图 2.19

应用胡克定律:当应力不超过材料的比例极限时,应力与应变成正比,则由载荷引起的轴向应力为

$$\sigma = \frac{F_N}{A} \qquad\qquad (2.13)$$

将式(2.12)和式(2.13)代入 $\sigma = E\varepsilon$,得

$$\Delta l = \frac{F_N l}{EA} \qquad\qquad (2.14)$$

式(2.14)表示当应力不超过比例极限时,杆件的伸长 Δl 与拉力 F 和杆件的原长度 l 成正比,与横截面面积 A 成反比,这是胡克定律的另一种表达形式。以上结果同样可用于轴向压缩的情况,只需把轴向拉力改为压力,伸长 Δl 改为缩短 Δl 即可。

例 2.5 如图 2.20 所示阶梯形杆,两段杆的横截面面积分别为 $A_1 = 2 \text{ cm}^2$,$A_2 = 4 \text{ cm}^2$,杆端的荷载 $F_1 = 5 \text{ kN}$,$F_2 = 10 \text{ kN}$,$l = 0.5 \text{ m}$,材料的弹性模量 $E = 210 \text{ GPa}$。试求杆端的水平位移。

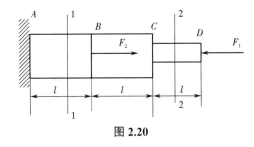

图 2.20

解 (1)由截面法求各段的轴力,并作轴力图,如图 2.21 所示。

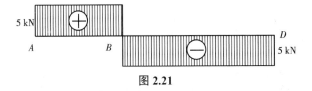

图 2.21

(2)求各段的变形。

$$\Delta l_{CD} = \frac{F_{NCD} l_{CD}}{EA_{CD}} = \frac{-5 \times 10^3 \times 0.5}{210 \times 10^9 \times 2 \times 10^{-4}} = -0.059 \text{ mm}$$

$$\Delta l_{BC} = \frac{F_{NBC} l_{BC}}{EA_{BC}} = \frac{-5 \times 10^3 \times 0.5}{210 \times 10^9 \times 4 \times 10^{-4}} = -0.030 \text{ mm}$$

$$\Delta l_{AB} = \frac{F_{N_{AB}} l_{AB}}{EA_{AB}} = \frac{5 \times 10^3 \times 0.5}{210 \times 10^9 \times 4 \times 10^{-4}} = 0.030 \text{ mm}$$

（3）杆的总变形：

$$\Delta l = \Delta l_{AB} + \Delta l_{BC} + \Delta l_{CD} = -0.059 \text{ mm}$$

习　　题

2.1　计算如图所示拉（压）杆各指定截面的轴力，并作轴力图。

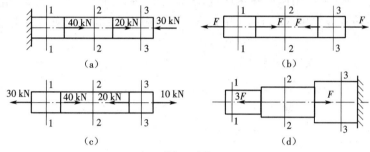

（a）　　　　　　　　　　（b）

（c）　　　　　　　　　　（d）

题 2.1 图

2.2　计算如图所示结构中 BC 杆的轴力。

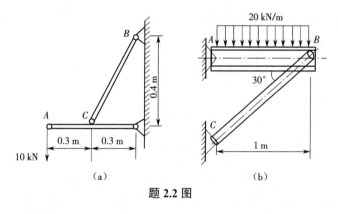

（a）　　　　　　　　　　（b）

题 2.2 图

2.3　在题 2.2 图（a）中，若 BC 杆为直径 $d=16$ mm 的圆截面杆，计算 BC 杆横截面上的正应力。

2.4　在题 2.2 图（b）中，若 BC 杆由两根 20 mm × 20 mm × 4 mm 的等边角钢组成，该角钢横截面面积为 1.459 cm²，计算 BC 杆横截面上的正应力。

2.5　计算如图所示的杆件各段横截面上的应力。

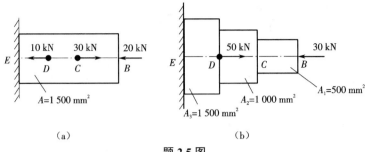

（a）　　　　　　　　　　（b）

题 **2.5** 图

2.6　如图所示,木杆由两段黏结而成,已知杆的横截面面积 A=1 000 mm²,黏结面的方位角 θ=45°,杆所承受的轴向拉力 F=20 kN。计算黏结面上的正应力与剪应力,并作图表示出应力的方向。

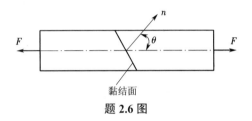

黏结面

题 **2.6** 图

2.7　如图所示,等直杆的横截面面积 A=80 mm²,弹性模量 E=200 GPa,所受轴向荷载 F_1=2 kN、F_2=6 kN。计算杆内的最大正应力和轴向变形。

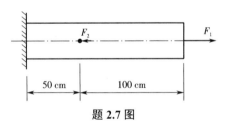

题 **2.7** 图

2.8　如图所示阶梯形钢杆,AC 段横截面面积 A_1=1 000 mm²,CB 段横截面面积 A_2=500 mm²,材料的弹性模量 E=200 GPa。计算该阶梯形钢杆的轴向变形。

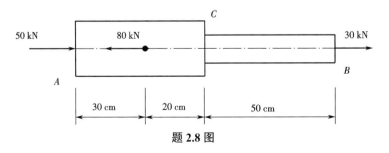

题 **2.8** 图

2.9　一阶梯形圆截面轴向拉(压)杆,其直径及载荷如图所示,该杆由铸铁制成,许用拉应力 $[\sigma_t]$=30 MPa,许用压应力 $[\sigma_c]$=150 MPa。试校核该杆的强度。

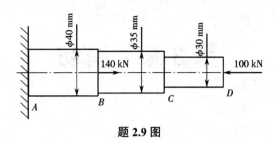

题 2.9 图

2.10 一阶梯形圆截面轴向拉(压)杆,其直径及载荷如图所示,该杆由钢材制成,许用应力 $[\sigma]$=170 MPa。试校核该杆的强度。

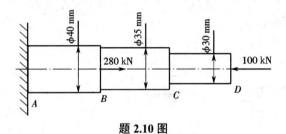

题 2.10 图

2.11 如图所示,三角构架由圆截面杆 1 与杆 2 组成,直径分别为 d_1=30 mm 和 d_2=20 mm,两杆材料相同,许用应力 $[\sigma]$=160 MPa,若所承受载荷 F=80 kN。试校核该构架的强度。

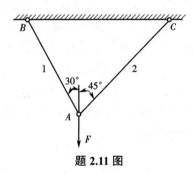

题 2.11 图

第3章 剪切

3.1 概述

在生活和工程中,经常需要将构件相互连接,例如桥梁桁架节点处的铆钉连接,机械中的挂钩连接以及键与轴连接等。在构件连接处起连接作用的部件,如铆钉、螺栓、键等,统称为**连接件**,如图 3.1 所示。

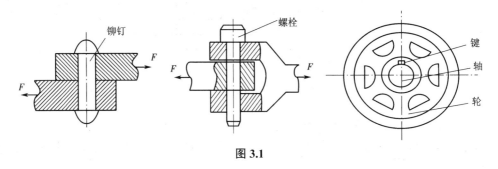

图 3.1

由如图 3.2 所示铆钉的受力图可以看出,连接件的变形是比较复杂的,而其本身的尺寸都比较小。在工程设计中,为简化计算,通常采用工程实用计算方法,即按照连接的破坏可能性,采用能反映受力基本特征并简化计算的假设,计算其名义应力,然后根据直接试验的结果,确定其相应的许用应力,以进行强度计算。以铆钉连接为例,连接处的破坏可能性有三种:铆钉沿 $m—m$ 截面被剪断;铆钉与钢板在相互接触面上因挤压而使连接松动;钢板在被铆钉孔削弱的截面处被拉断。其他的连接也都具有类似的破坏可能性。下面以螺栓连接为例,分别介绍剪切和挤压的实用计算。

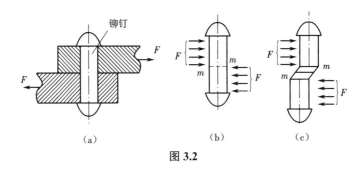

(a)   (b)   (c)

图 3.2

3.2 剪切的实用计算

设两块钢板用螺栓连接后承受拉力 F(图 3.2(a)),螺栓在两侧面上分别受到大小相等、方向相反、作用线相距很近的两组分布外力系的作用,螺栓在这样的外力作用下,将沿两侧外力之间,并与外力作用线平行的截面 m—m 发生相对错动,这种变形形式称为**剪切**,发生剪切变形的截面 m—m 称为受剪面,如图 3.2(c)所示。

应用截面法,可得受剪面上的内力(图 3.3),即剪力 F_S。在剪切实用计算中,假设受剪面上各点处的剪应力相等,于是得受剪面上的名义剪应力

$$\tau = \frac{F_S}{A_S} \tag{3.1}$$

式中 F_S——受剪面上的剪力;

　　　　A_S——受剪面的面积。

然后,通过直接试验,并按名义剪应力公式(3.1),得到剪切破坏时材料的极限剪应力,再除以安全系数,即得材料的许用剪应力 [τ]。于是,剪切强度条件可表示为

$$\tau = \frac{F_S}{A_S} \leqslant [\tau] \tag{3.2}$$

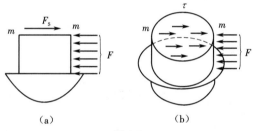

图 3.3

虽然按名义剪应力公式求得的剪应力值,并不反映受剪面上剪应力的精确理论值,它只是受剪面上的平均剪应力,但对于用低碳钢等塑性材料制成的连接件,当变形较大而临近破坏时,受剪面上剪应力的变化规律将逐渐趋于均匀。而且,满足剪切强度条件(3.2)时,显然不至于发生剪切破坏,从而满足工程实用的要求。

3.3　挤压的实用计算

在如图 3.4(a)所示的铆钉连接中,在铆钉与钢板相互接触的侧面上,将发生彼此间的局部承压现象,称为**挤压**。在接触面上的压力称为挤压力,记为 F_{bs}。挤压力可根据被连接件所受的外力由静力平衡方程求得。当挤压力过大时,可能引起螺栓压扁或钢板在孔缘压皱,从而导致连接松动而失效,如图 3.4(b)所示。

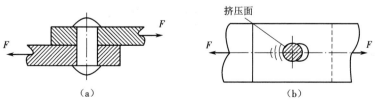

图 3.4

在挤压实用计算中,假设名义挤压应力的计算公式为

$$\sigma_{bs} = \frac{F_{bs}}{A_{bs}} \tag{3.3}$$

式中　F_{bs}——接触面上的挤压力;

　　　A_{bs}——计算挤压面面积。

当接触面为圆柱面(如螺栓或铆钉连接中螺栓或铆钉与钢板间的接触面)时,计算挤压面面积 A_{bs} 取为实际接触面在直径平面上的投影面积,如图 3.5(c)所示。理论分析表明,这类圆柱状连接件与钢板孔壁间接触面上的理论挤压应力沿圆柱面的变化情况如图 3.5(b)所示。而按式(3.3)算得的名义挤压应力与接触面中点处的最大理论挤压应力值接近。当连接件与被连接件的接触面为平面(如键连接中键与轴或轮毂间的接触面)时,计算挤压面面积 A_{bs} 就是实际接触面的面积。

通过直接试验,并按名义挤压应力公式得到材料的极限挤压应力,从而确定许用挤压应力 $[\sigma_{bs}]$,于是挤压强度条件可表达为

$$\sigma_{bs} = \frac{F_{bs}}{A_{bs}} \leq [\sigma_{bs}] \tag{3.4}$$

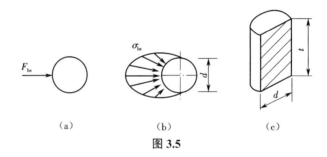

(a)　　　　　　(b)　　　　　　(c)

图 3.5

例 3.1　如图 3.6 所示接头,由三块钢板用两个直径相同的钢螺栓连接而成,已知 F=80 kN,板厚 t=10 mm,螺栓直径 d=16 mm,许用切应力 $[\tau]$=100 MPa。许用挤压应力 $[\sigma_{bs}]$=550 MPa,试校核接头强度和挤压强度。

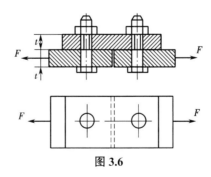

图 3.6

解　(1)螺栓剪力的计算:

$$F_s = F = 80 \text{ kN}$$

(2)剪切面积计算:

$A = \pi d^2/4 = 201 \text{ mm}^2$

（3）螺栓切应力强度校核：

$$\tau = \frac{4F_s}{\pi d^2} = 398 \text{ MPa}$$

（4）螺栓挤压应力强度校核：

$$\sigma_{bs} = \frac{F_s}{dt} = 500 \text{ MPa}$$

$\tau < [\tau]$，满足剪切强度条件。

$\sigma_{bs} < [\sigma_{bs}]$，满足挤压强度条件。

注意：挤压应力是在连接件和被连接件之间相互作用的。因而，当两者材料不同时，应校核其中许用挤压应力值较低的材料的挤压强度。

习　　题

3.1　如图所示的螺栓连接，已知螺栓直径 d=20 mm，钢板厚 t=12 mm，钢板与螺栓材料相同，许用切应力 $[\tau]$=100 MPa，许用挤压应力 $[\sigma_{bs}]$=320 MPa。若拉力 F=30 kN，试校核连接件的强度。

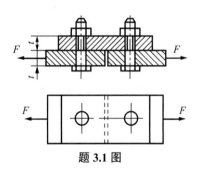

题 3.1 图

3.2　如图所示的铆钉连接，已知铆钉直径 d=20 mm，板宽 b=100 mm，中间板厚 δ=15 mm，上、下盖板厚 t=10 mm；板与铆钉材料相同，许用切应力 $[\tau]$=80 MPa，许用挤压应力 $[\sigma_{bs}]$=220 MPa，许用拉应力 $[\sigma]$=100 MPa。若拉力 F=80 kN，试校核连接件的强度。

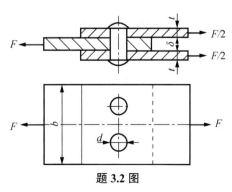

题 3.2 图

3.3 如图所示的拖车挂钩,已知销钉直径 d=15 mm, t=6 mm,销钉与钩体材料相同,许用切应力 [τ]=60 MPa,许用挤压应力 [σ_{bs}]=200 MPa。若拉力 F=20 kN,试校核销钉的强度。

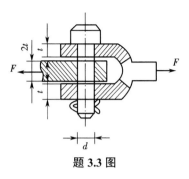

题 3.3 图

3.4 如图所示矩形截面拉杆的接头,已知截面宽度 b=250 mm,木材顺纹的许用切应力 [τ]=1 MPa,顺纹的许用挤压应力 [σ_{bs}]=10 MPa,许用拉应力 [σ]=100 MPa。若拉力 F=50 kN,试求接头处所需的尺寸 l 和 a。

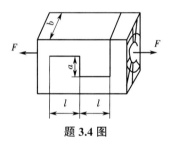

题 3.4 图

3.5 如图所示的铆钉连接,已知铆钉直径 d=16 mm,钢板厚 t=10 mm,板宽 b=100 mm,钢板与铆钉材料相同,许用切应力 [τ]=120 MPa,许用挤压应力 [σ_{bs}]=320 MPa,许用拉应力 [σ]=160 MPa。若拉力 F=80 kN,试校核连接件的强度。

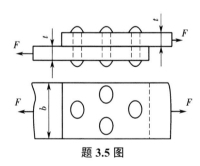

题 3.5 图

第4章 扭转

4.1 概述

扭转是杆件的又一种基本变形。在工程问题中,有很多杆件主要发生扭转变形。如图 4.1 所示的螺丝刀杆工作时,手柄受到人手的主动力偶作用,刀头受到螺丝钉及工件的阻抗力偶作用,在这对力偶的作用下螺丝刀杆发生扭转变形。如图 4.2 所示汽车转向轴工作时,轴的上端受到经由方向盘传来的力偶作用,下端受到来自转向器的阻抗力偶作用,同样转向轴将发生扭转变形。这些实例都是**杆件的两端受到大小相等、转向相反、作用面垂直于杆件轴线的力偶作用,致使杆件的各横截面绕杆轴线发生相对转动,杆件产生扭转变形**。

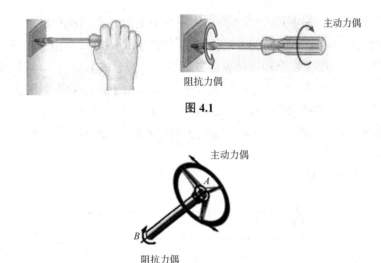

图 4.1

图 4.2

在工程实际中,有很多构件,如汽车的传动轴、攻丝时的丝锥、搅拌机轴、齿轮传动轴、螺栓等,它们主要发生扭转变形,同时还伴随弯曲和拉压变形,但后者影响不大时,往往可以忽略,或者在计算中暂时不考虑这些因素,初步视为扭转构件。

受扭转变形杆件通常为轴类零件,其横截面大都是圆形。所以,本章主要介绍工程中最简单、最常见的圆截面等直杆的扭转问题。

4.2 圆轴扭转时的外力和内力

与拉压、剪切等问题一样,研究扭转构件的强度和刚度问题时,首先必须计算构件所受外力,分析横截面上的内力。

1. 外力偶矩的计算

在工程实际中,圆轴扭转时,作用于轴上的外力偶矩往往不直接给出,而通常给出轴所传送的功率和转速。功率、转速和力偶矩之间有一定的关系,利用它们之间的关系,可以求出作用在轴上的外力偶矩。它们之间的关系为

$$M_e = 9\,549\frac{P}{n} \tag{4.1}$$

式中　M_e——作用于轴上的外力偶矩,N·m;

　　　P——轴传递的功率,kW;

　　　n——轴的转速,r/min。

我国法定计量单位中,功率的单位为 W(瓦),1 W=1 N·m/s。

由式(4.1)可以看出,轴所承受的力偶矩与传递功率成正比,与轴的转速成反比。因此,在传递同样的功率时,低速转轴比高速转轴所承受的力偶矩大。所以,在同一个传动系统中,低速转轴的直径要比高速转轴的直径大。

2. 扭矩

现在讨论圆轴扭转时横截面上的内力。作用在轴上的外力偶矩求出之后,可以利用截面法研究横截面上的内力。如图 4.3(a)所示的圆轴两端受一对大小相等、转向相反的力偶作用而产生扭转变形。假设在圆轴的任意位置通过一个假想的截面 n—n 将圆轴分为左、右两部分。现取左段为研究对象,受力如图 4.3(b)所示。由于整体处于平衡状态,单独取出其中任意一部分仍处于平衡状态。由图 4.3(b)可知轴的左端受到外力偶矩 M_e 的作用,为保持平衡,在横截面内必然存在一个内力偶矩 T 与它平衡,且根据平衡方程,可求得内力偶矩的大小为

$$\sum M_x = 0 \,, \; T = M_e$$

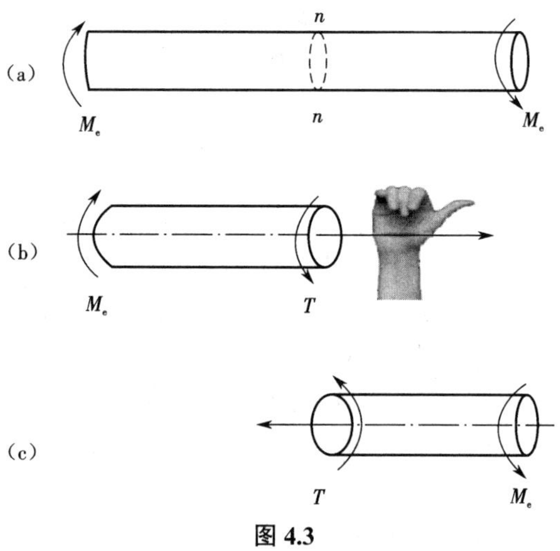

图 4.3

因此,圆轴扭转时,横截面上的内力是一个与横截面平行的力偶,其力偶矩称为扭矩,一般用 T 表示。

如取轴的右段为研究对象(图 4.3(c)),可以求出同样的结果,其扭矩的方向与取左段

为研究对象求出的扭矩方向相反,因为它们满足作用与反作用的关系。为了使取左段或取右段得出的同一截面上的扭矩不仅大小相等,而且正负号相同,将扭矩的正负号规定如下:采用右手螺旋法则,右手四指指向扭矩的转向,拇指的指向与截面外法线方向相同时为正(图 4.3(b));反之,拇指指向截面时则为负。根据这一规则,在图 4.3(b)和(c)中,n—n 截面的扭矩是一致的,且都为正。

当轴上同时作用几个外力偶矩时,轴各截面上的扭矩需分段求出,为了直观判断受扭杆件每个横截面上扭矩的分布情况,同时确定最大扭矩的位置,以便找出危险截面,可以用图形来表示沿轴线各横截面上的扭矩随横截面位置的变化规律,其中横坐标与杆件轴线平行,代表杆件横截面的位置,纵坐标代表对应横截面上扭矩的代数值。这种图形称为扭矩图。下面通过例题说明圆轴扭转时横截面上扭矩的计算及扭矩图的绘制。

例 4.1 如图 4.4(a)所示传动轴,轴的转速 $n=300$ r/min,主动轮 C 的输入功率 $P_1=500$ kW,从动轮 A,B,D 的输出功率分别为 $P_2=150$ kW,$P_3=150$ kW,$P_4=200$ kW。试画出该轴的扭矩图。

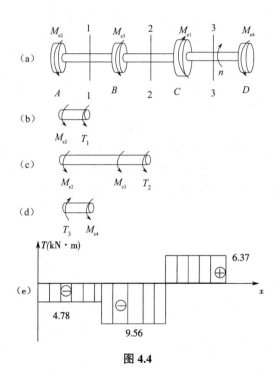

图 4.4

解 (1)利用式(4.1)计算外力偶矩。

$$M_{e1} = 9\,549\frac{P_1}{n} = 9\,549 \times \frac{500}{300} = 15.92 \text{ kN·m}$$

$$M_{e2} = M_{e3} = 9\,549\frac{P_2}{n} = 9\,549 \times \frac{150}{300} = 4.78 \text{ kN·m}$$

$$M_{e4} = 9\,549\frac{P_4}{n} = 9\,549 \times \frac{200}{300} = 6.37 \text{ kN·m}$$

从受力情况看出,AB 段、BC 段和 CD 段内的扭矩大小不等,现用截面法计算各段的扭矩。在 AB 段内任意位置取截面 1—1,通过该截面将轴切为左、右两部分,取左边部分为研究对象,受力如图 4.4(b)所示,扭矩的方向假设为正,由平衡方程

$$T_1 + M_{e2} = 0$$

得

$$T_1 = -M_{e2} = -4.78 \text{ kN·m}$$

T_1 为负值,说明 1—1 横截面上扭矩的实际转向与假设转向相反。按照扭矩符号的规定,图 4.4(b)中假设扭矩为正,说明 1—1 截面上实际的扭矩为负。且在 AB 段内任意位置的扭矩均为 -4.78 kN·m,说明 AB 段内的扭矩图是一条水平线。同理,在 BC 段内通过 2—2 截面将轴分为左、右两部分,取左边部分为研究对象,受力如图 4.4(c)所示,扭矩的方向假设为正,由平衡方程

$$T_2 + M_{e2} + M_{e3} = 0$$

得

$$T_2 = -M_{e2} - M_{e3} = -9.56 \text{ kN·m}$$

为求 CD 段内的扭矩,用 3—3 截面将轴分为左、右两部分,为计算简单,此时可以取右边部分为研究对象,同样假设横截面上的扭矩为正,受力如图 4.4(d)所示,由平衡方程

$$T_3 - M_{e4} = 0$$

得

$$T_3 = M_{e4} = 6.37 \text{ kN·m}$$

根据计算所得数据,将结果画在直角坐标轴上,如图 4.4(e)所示即为该轴受扭时的扭矩图。由扭矩图可知,最大扭矩在 BC 段,绝对值为 9.56 kN·m,说明危险截面在 BC 段。同时可以看出,在集中力偶作用的位置处,扭矩图有突变,集中力偶向上,扭矩图向上突变;集中力偶向下,扭矩图向下突变,突变值即为集中力偶的数值,利用这一结果可以直接画扭矩图。

4.3　纯剪切

为了实现纯剪切,得到剪切时应力与应变的关系,先对薄壁圆筒的扭转进行分析。

1. 薄壁圆筒扭转时的应力

薄壁圆筒通常是指壁厚 $t \leqslant 0.1r_0$(r_0 为平均半径)的圆筒,如图 4.5(a)所示。现通过试验的方法研究薄壁圆筒的扭转。

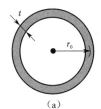
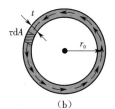

图 4.5

试验前,在选取的薄壁圆筒表面画出圆周线和纵向平行线(图 4.6(a)),然后在圆筒两端施加一对大小相等、转向相反、作用面与横截面平行的力偶 m,使其发生扭转变形(图 4.6(b))。在小变形的情况下,得到如下试验现象:

(1)圆周线不变,即圆筒表面的各圆周线的形状、大小和间距均未改变,只是绕轴线做了相对转动;

(2)纵向线变成平行的斜直线,倾斜了同一微小角度 γ;

(3)由圆周线和纵向线组成的所有矩形网格均歪斜成同样大小的平行四边形。

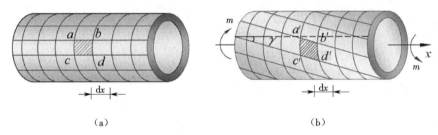

(a)　　　　　　　　　　　　　　　　(b)

图 4.6

根据圆周线之间的距离不变的试验现象可以判断,在横截面上没有轴向外力的作用,即薄壁圆筒扭转无正应力。而圆筒表面各圆周线的形状、大小不变,且筒壁的厚度很薄,可以认为横截面上各点处的切应力只会使横截面发生转动,即切应力 τ 垂直于半径均匀分布,沿圆周大小不变,方向与该截面的扭矩方向一致,且横截面上所有切应力对轴心取矩的代数和正好是这一截面上的扭矩。图 4.5(b)给出了横截面上切应力分布,在圆环上取一微面 $\mathrm{d}A$,在微面上所有切应力的合力为 $\tau\mathrm{d}A$,这一合力对轴心的矩为 $r_0\tau\mathrm{d}A$,在整个圆环面积上积分即为所有切应力对轴心的矩,故有

$$\int_A r_0\tau\mathrm{d}A = T$$

$$\tau r_0\int_A \mathrm{d}A = \tau r_0 2\pi r_0 t = T$$

即

$$\tau = \frac{T}{2\pi r_0^2 t} = \frac{T}{2A_0 t} \qquad\qquad (a)$$

式中　A_0——平均半径所作圆的面积。

该式即为薄壁圆筒扭转时横截面上切应力的计算公式。

2. 切应力互等定理

在图 4.6(a)中通过相邻两条圆周线和纵向线从圆筒中取出一个边长分别为 $\mathrm{d}x$、$\mathrm{d}y$ 和 t 的单元体,放大后如图 4.7 所示。图中左、右两个截面为圆筒的横截面。因薄壁圆筒扭转时横截面上无正应力,故横截面只有切应力。横截面的切应力可由式(a)计算,且大小相等、方向相反。单元体从圆筒切出,圆筒平衡,故单元体也平衡。左、右两个平面切应力 τ 的合力正好构成一个顺时针转动的力偶,其力偶矩为 $(\tau t\mathrm{d}y)\mathrm{d}x$,这个力偶将使单元体发生顺时针方向的转动。但实际上,单元体仍处于平衡状态,因此单元体上、下两个平面上必存在切应

力 τ' ,并由它们组成一个逆时针转动的力偶以保持单元体的平衡,其力偶矩为 $(\tau'tdx)dy$ 。由平衡方程 $\sum M_z = 0$,得

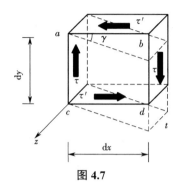

图 4.7

$$(\tau tdy)dx = (\tau'tdx)dy$$

故

$$\tau = \tau' \tag{4.2}$$

式(4.2)称为**切应力互等定理**。该定理表明,在单元体相互垂直的两个平面上,切应力**必然成对出现,且数值相等,两者都垂直于两平面的交线,其方向则共同指向或共同背离该交线**。单元体的四个侧面上只有切应力而无正应力作用,这种应力状态称为纯剪切应力状态。切应力互等定理具有普遍意义,在非纯剪切的情况下同样适用。

3. 剪切胡克定律

由薄壁圆筒扭转的试验可以看出,在切应力的作用下,单元体的直角发生微小的改变,如图 4.7 所示,这个直角的改变量 γ 称为**切应变**,用弧度来度量。从图 4.8 可看出, γ 也就是表面纵向线变形后的倾角。若 φ 为圆筒两端面绕轴线转动而发生的角位移,即两端面的相对扭转角, L 为圆筒的长度, R 为横截面圆环外圆的半径,则有

$$\gamma L = \varphi R$$

即

$$\gamma = \frac{\varphi R}{L} \tag{b}$$

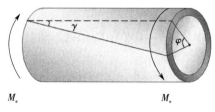

图 4.8

试验结果表明,当切应力低于材料的剪切比例极限时,扭转角 φ 与扭矩 T 成正比(图 4.9(a));再由(a)和(b)两式可看出,切应力与 T 成正比,切应变与 φ 成正比。因此,当切应力不超过材料的剪切比例极限时,切应变 γ 与切应力 τ 成正比关系(图 4.9(b))。这个关系

称为**剪切胡克定律**,可用下式表示

$$\tau = G\gamma \qquad (4.3)$$

式中　G——材料的一个弹性常数,称为剪切弹性模量,因 γ 无量纲,故 G 的量纲与 τ 的量纲相同,不同材料的 G 值可通过试验确定,钢材的 G 值约为 80 GPa。

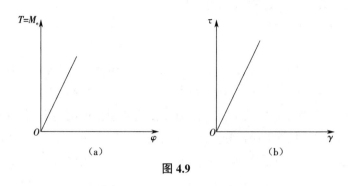

图 4.9

剪切弹性模量 G、弹性模量 E 和泊松比 μ 是表明材料弹性性质的三个常数。对于各向同性材料,这三个弹性常数之间存在下列关系

$$G = \frac{E}{2(1+\mu)} \qquad (4.4)$$

可见,在三个弹性常数中,只要知道任意两个,第三个就可以推算出来。

4.4　圆轴扭转时的应力强度计算

1. 圆轴扭转时的应力

在实际工程中,用途最广的扭转构件是圆轴,为了进行圆轴扭转时的强度计算,必须研究圆轴扭转时的应力。

与分析薄壁圆筒扭转一样,首先通过试验分析圆轴扭转时横截面上存在的应力及其分布规律,然后综合考虑变形几何关系、物理关系和静力学关系推导应力的计算公式。

1）变形几何关系

为了观察圆轴的扭转变形,与薄壁圆筒受扭一样,扭转试验之前在圆轴表面画出一些圆周线和一些平行的纵向线,然后在圆轴两端施加一对大小相等、转向相反的力偶,使其发生扭转变形,如图 4.10(a)所示。通过观察,得出如下试验现象:

（1）各圆周线绕轴线相对地旋转了一个角度,但大小、形状和与相邻圆周线间的距离不变;

（2）在小变形的情况下,纵向线变形后仍为平行线,只是倾斜了一个微小的角度,变形前表面上的方格,变形后错动成菱形,如图 4.10(a)中 $a'b'd'c'$。

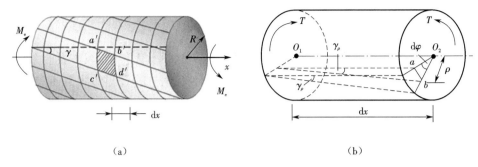

图 4.10

根据试验现象,作下述基本假设:圆轴扭转时,横截面变形前为平面,变形以后仍保持为平面,形状和大小不变,半径仍保持为直线,仅绕轴线旋转了一个角度,且相邻两截面间的距离不变,这就是圆轴扭转的平面假设。以平面假设为基础导出的应力和变形计算公式,符合试验结果,且与弹性力学一致。此外,根据圆轴的形状和受力情况的对称性,也可以证明这一假设的正确性。

根据上述试验现象可以推断,横截面上只有切应力 τ,没有正应力 σ,且所有切应力均与半径垂直时才会使横截面只发生转动,而不会改变横截面的大小和形状。

下面利用变形的几何关系研究切应变与相对扭转角之间的关系。

在图 4.10(a)中通过两个横截面截取长为 dx 的微段,并放大为图 4.10(b)。假设截取微段两端面的相对扭转角为 dφ。为研究横截面上任意一点处的切应变,在右端横截面上取 a 点,距圆心 O_2 的距离为 ρ,当截面旋转 dφ 时,a 点转 $\overline{ab}$ 距离到 b 点,$\overline{ab}$ 可以由下式表示

$$\overline{ab} = \rho \mathrm{d}\varphi = \gamma_\rho \mathrm{d}x \tag{a}$$

因此,距离圆心为 ρ 处的切应变为

$$\gamma_\rho = \rho \frac{\mathrm{d}\varphi}{\mathrm{d}x} \tag{b}$$

其中,$\dfrac{\mathrm{d}\varphi}{\mathrm{d}x}$ 表示扭转角沿长度方向的变化率。

式(b)表明,距离圆心为 ρ 的任一点处的切应变 γ_ρ 与这一点到圆心的距离成正比。

2)物理关系

求出应变的变化规律以后,根据应力与应变之间的物理关系,便可以得到切应力的变化规律。由上一节已知,当切应力不超过材料的剪切比例极限时,切应力与切应变成正比关系,服从剪切胡克定律,即

$$\tau = G\gamma \tag{c}$$

将式(b)代入式(c)可以求出距离圆心为 ρ 的任一点的切应力为

$$\tau_\rho = G\gamma_\rho = G\rho \frac{\mathrm{d}\varphi}{\mathrm{d}x} = \rho G \frac{\mathrm{d}\varphi}{\mathrm{d}x} \tag{d}$$

这就是圆轴扭转时横截面上切应力的分布规律。可以看出,横截面上任意一点的切应力与该点到圆心的距离成正比,即在横截面的圆心处切应力为零,在最外侧圆周上切应力达到最大值。因为 γ_ρ 发生在垂直于半径的平面内,所以 τ_ρ 也与半径垂直,且方向与扭矩的转向一

致。因为式(d)中的 $\dfrac{\mathrm{d}\varphi}{\mathrm{d}x}$ 尚未求出,不能用它来计算切应力,需要利用静力学平衡关系来建立应力和内力的关系,从而求解切应力。

3)静力学关系

圆轴扭转时,与外力偶矩平衡的是横截面上的扭矩,而扭矩恰好是横截面上所有切应力对圆心取矩的代数和。如图 4.11 所示,假设一微面距圆心的距离为 ρ,面积为 $\mathrm{d}A$,假设在微面上切应力均匀分布,其合力为 $\tau_\rho \mathrm{d}A$,而该合力对圆心 O 的矩为 $\rho\tau_\rho \mathrm{d}A$。想求横截面上所有切应力对圆心的矩 T,将 $\rho\tau_\rho \mathrm{d}A$ 在整个面积上积分即可,故有

$$T = \int_A \rho\tau_\rho \mathrm{d}A$$

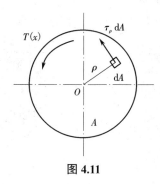

图 **4.11**

将式(d)代入上式,则有

$$T = \int_A G\rho^2 \frac{\mathrm{d}\varphi}{\mathrm{d}x} \mathrm{d}A$$

式中:剪切弹性模量 G 是一个常数,当截面一定时,$\dfrac{\mathrm{d}\varphi}{\mathrm{d}x}$ 也是一个常数。因此,可以将其提到积分号外,即

$$T = G\frac{\mathrm{d}\varphi}{\mathrm{d}x}\int_A \rho^2 \mathrm{d}A \qquad\qquad (\text{e})$$

式中的积分 $\int_A \rho^2 \mathrm{d}A$ 是一个只取决于横截面的形状和大小的几何量,称为横截面对形心的极惯性矩,可用 I_p 来表示,即令

$$\int_A \rho^2 \mathrm{d}A = I_\mathrm{p} \qquad\qquad (4.5)$$

I_p 的常用单位是 m^4 或 mm^4,对于任意一已知的截面,I_p 是常数,因此式(e)可以写为

$$\frac{\mathrm{d}\varphi}{\mathrm{d}x} = \frac{T}{GI_\mathrm{p}} \qquad\qquad (4.6)$$

式中:$\dfrac{\mathrm{d}\varphi}{\mathrm{d}x}$ 表示圆轴的单位长度扭转角。

式(4.6)表明扭矩越大,单位长度扭转角越大;在扭矩一定的情况下,GI_p 越大,单位长度扭转角越小,GI_p 反映了圆轴抵抗扭转变形的能力,称为圆轴的**抗扭刚度**。

将式(4.6)代入式(d),得

$$\tau_\rho = \frac{T\rho}{I_\mathrm{p}} \qquad\qquad (4.7)$$

式中 T——横截面上的扭矩,由截面法通过外力偶矩求得;

　　　ρ——该点到圆心的距离;

　　　I_p——极惯性矩,纯几何量,无物理意义。

式(4.7)即为圆轴扭转时横截面上距圆心 ρ 的任意一点的切应力计算公式。

4)极惯性矩的计算

极惯性矩可以根据式(4.5)求出,对于圆形截面,可取厚度为 $d\rho$ 的圆环作为微面元素,如图 4.12(a)所示,因为 $d\rho$ 趋于零时,圆环的面积可以近似为展开后矩形的面积,故令 $dA=2\pi\rho d\rho$,得

$$I_p = \int_A \rho^2 dA = \int_0^{\frac{D}{2}} \rho^2 2\rho\pi d\rho = \frac{\pi D^4}{32} \approx 0.1 D^4 \tag{4.8}$$

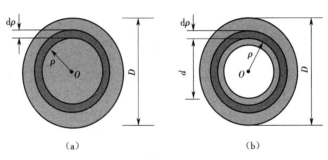

图 4.12

对于内径为 d、外径为 D 的空心圆截面(图 4.12(b)),它的极惯性矩的求法与实心圆一致,只是积分上、下限变为 $D/2$ 和 $d/2$,于是有

$$I_p = \int_A \rho^2 dA = \int_{\frac{d}{2}}^{\frac{D}{2}} \rho^2 2\rho\pi d\rho = \frac{\pi}{32}(D^4 - d^4) \tag{4.9a}$$

如令 $\alpha = \dfrac{d}{D}$, 则

$$I_p = \frac{\pi D^4}{32}(1-\alpha^4) \approx 0.1 D^4(1-\alpha^4) \tag{4.9b}$$

至此,圆轴扭转时横截面上任意一点处的切应力便可计算了。

2. 强度条件

由式(4.7)可以看出,对于同一个横截面,扭矩 T 是定值,横截面尺寸确定的情况下,极惯性矩 I_p 为定值,因此同一横截面上任意一点处的切应力与该点到圆心的距离成正比,在圆心处切应力为零,在截面最外侧切应力达到最大值。对于实心圆,切应力分布规律如图 4.13(a)所示;对于空心圆,切应力仍与半径成正比关系,最小切应力在空心圆内侧,最大切应力在最外侧,切应力分布规律如图 4.13(b)所示。

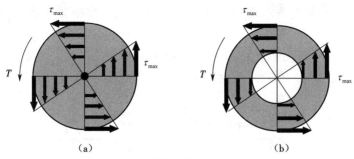

图 4.13

根据上述结果可知,当 $\rho_{max}=D/2$ 时,切应力达到最大值,将其代入式(4.7),即有

$$\tau_{max} = \frac{T\rho_{max}}{I_p} = \frac{T\dfrac{D}{2}}{I_p} = \frac{T}{I_p\Big/\dfrac{D}{2}}$$

式中:ρ_{max} 和极惯性矩都是与截面尺寸有关的几何量,故可用 W_p 来表示它们的比值,即

$$W_p = \frac{I_p}{\rho_{max}} = \frac{I_p}{D/2} \tag{4.10}$$

W_p 称为抗扭截面系数(抗扭截面模量),它也是一个几何量,其单位是 m³ 或 mm³。

对于实心圆截面:

$$W_p = \frac{I_p}{D/2} = \frac{\pi D^3}{16} \approx 0.2D^3$$

对于空心圆截面:

$$W_p = \frac{I_p}{D/2} = \frac{\pi D^3(1-\alpha^4)}{16} \approx 0.2D^3(1-\alpha^4)$$

因此,最大切应力为

$$\tau_{max} = \frac{T}{W_p} \tag{4.11}$$

为保证轴安全工作,要求轴的最大工作切应力必须小于材料的扭转许用切应力 $[\tau]$,因此**圆轴扭转时的强度条件为**

$$\tau_{max} = \frac{T_{max}}{W_p} \leq [\tau] \tag{4.12}$$

式中:许用切应力 $[\tau]$ 是根据扭转试验,并考虑适当的安全因数确定的,它与许用拉应力有如下的近似关系:

(1)对于塑性材料,$[\tau]=(0.5\sim0.6)[\sigma]$;

(2)对于脆性材料,$[\tau]=(0.8\sim1.0)[\sigma]$。

因此也可以利用拉伸时的许用正应力 $[\sigma]$ 来估计扭转许用切应力 $[\tau]$。对于机器中轴类构件,由于轴除扭转外,往往还有弯曲变形,而且轴的应力常随着时间而改变,故所用的 $[\tau]$ 值还要更低一些。

利用圆轴扭转的强度条件,可以解决三类工程问题:①校核强度;②设计截面尺寸;③计算许可载荷。

例 4.2 一功率为 150 kW,转速为 15.4 r/s 的电动机转子轴,各横截面尺寸如图 4.14(a)所示,许用剪应力 $[\tau]$=30 MPa。 试校核其强度。

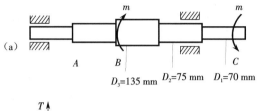

(a)

A B C

D_3=135 mm D_2=75 mm D_1=70 mm

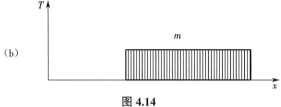

(b)

图 4.14

解 (1)求扭矩及扭矩图。

根据式(4.1)求出轴所承受的外力偶矩为

$$M_n = m = 9\,549\frac{P}{n} = 9\,549\times\frac{150}{15.4\times60} = 1.55 \text{ kN·m}$$

根据所受外力画出该轴的扭矩图,如图 4.14(b)所示。图中在 B 和 C 两截面处受集中力偶作用,说明扭矩图只在 B 到 C 之间扭矩不为零,其余位置扭矩为零。

(2)计算并校核剪应力强度。

根据扭矩图可以判断,D_1、D_2、D_3 三个截面处扭矩均相等,在直径最小的 D_1 截面处,切应力达到最大值,此截面即为危险截面,只要校核该截面的强度即可,若该截面满足强度条件,则其他位置均满足强度条件。D_1 截面实心圆的抗扭截面模量为

$$W_p = \frac{\pi D_1^3}{16} = \frac{3.14 \times 0.07^3}{16} = 6.73\times10^{-5} \text{ m}^3$$

由式(4.12)计算 D_1 截面最大切应力并进行校核,即

$$\tau_{max} = \frac{T}{W_p} = \frac{1.55\times10^3}{6.73\times10^{-5}} = 23 \text{ MPa} \leqslant [\tau]$$

故此轴满足强度要求。

例 4.3 设有一实心圆轴与一内外径比为 3/4 的空心圆轴如图 4.15 所示,两轴材料及长度都相同,且承受转矩均为 m,两轴的最大切应力相等。试比较两轴的重量。

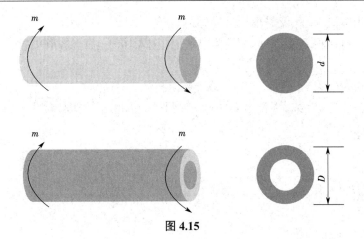

图 4.15

解　（1）计算两轴的最大切应力。

$$\tau_{\max实} = \frac{T}{W_{\mathrm p}} = \frac{m}{\dfrac{\pi}{16}d^3}$$

$$\tau_{\max空} = \frac{T}{W_{\mathrm p}} = \frac{m}{\dfrac{\pi}{16}D^3\left[1-\left(\dfrac{3}{4}\right)^4\right]} = \frac{m}{\dfrac{\pi}{16}\times0.684\times D^3}$$

由于两轴的扭矩和最大切应力分别相等，即 $\tau_{\max实} = \tau_{\max空}$，故有

$$D = 1.135d$$

（2）计算两轴的重量比。

因两轴的材料及长度相同，所以重量比实际就等于横截面面积比，故有

$$\frac{A_空}{A_实} = \frac{\dfrac{\pi}{4}\left[D^2-\left(\dfrac{3}{4}D\right)^2\right]}{\dfrac{\pi}{4}d^2} = \frac{0.437\,5D^2}{d^2} = \frac{0.437\,5\times(1.135d)^2}{d^2} = 0.564$$

即空心轴的重量仅为实心轴重量的 56.4%。

　　单从力学角度讲，空心轴比实心轴更能有效地利用材料。从横截面上的剪应力分布分析，由于扭转剪应力与距圆心的距离成正比，故把靠近圆心处承受剪应力较小的材料移到轴的外缘处，就能更充分地利用材料的强度，从而节省原材料。在工程实际中，空心轴是用实心轴通过钻孔得到的，因此除非减轻重量为主要考虑因素（如飞机中的各种轴），或有使用要求（如机床主轴）要采用空心轴，否则制造空心轴并不总是值得的。

4.5　圆轴扭转时的变形刚度计算

1. 圆轴扭转时的变形

　　前面已述，圆轴扭转时，任意两个横截面间将会有相对角位移，称为**相对扭转角**。这就是通常工程实际中要计算的扭转变形。在推导圆轴扭转切应力的计算公式时，扭转角的计

算问题已接近于解决,在此仅需稍加推导即可。

由式(4.6),可以得到相距为 dx 的两横截面(图 4.10(b))相对扭转角为

$$d\varphi = \frac{T}{GI_p}dx \qquad (a)$$

因此,若扭矩 T 为常数,则长为 l 的一段轴两横截面间相对扭转角为

$$\varphi = \int d\varphi = \int_0^l \frac{T}{GI_p}dx \qquad (b)$$

由此得

$$\varphi = \frac{Tl}{GI_p} \qquad (4.13)$$

式中　T——横截面上的扭矩;

　　　l——两横截面间的距离;

　　　G——材料的剪切弹性模量;

　　　I_p——横截面对圆心的极惯性矩。

式(4.13)即为等直圆轴扭转时变形的计算公式,其中 GI_p 称为抗扭刚度。

有时,轴在各段的扭矩并不相同,如例 4.1 的情况;或轴的横截面尺寸不同,即 I_p 值不同,如阶梯轴。这就需要分段计算每一段的扭转角,然后按代数相加,得出两端面的相对扭转角为

$$\varphi = \sum_{i=1}^n \frac{T_i l_i}{GI_{pi}} \qquad (4.14)$$

在用式(4.14)计算相对扭转角时,需要注意每段扭转角的正负与扭矩的正负一致。

2. 刚度计算

扭转的轴类构件除需要满足强度条件外,还需要满足刚度方面的要求,也就是不能有过大的扭转变形,否则不能正常工作。例如,机器中的轴如果扭转变形过大,会影响机器的精度,或者使机器的运转产生较大的振动;发动机的凸轮轴扭转角过大,会影响气阀开关时间;车床丝杠扭转角过大,会影响车刀进给,降低加工精度。所以,需要对圆轴的扭转变形有一定的限制。通常要求单位长度扭转角不能超过材料的许用单位长度扭转角,因此扭转构件的刚度条件为

$$\theta_{max} = \frac{d\varphi}{dx} = \frac{T}{GI_p} \leqslant [\theta] \qquad (4.15)$$

式中:θ_{max} 为最大单位长度扭转角;$[\theta]$ 为许用单位长度扭转角,两者的单位都是 rad/m。在工程实际中,习惯把°/m 作为 $[\theta]$ 的单位。这样,式(4.15)的刚度条件又可写为

$$\theta_{max} = \frac{T}{GI_p} \times \frac{180°}{\pi} \leqslant [\theta] \qquad (4.16)$$

各种轴类零件的 $[\theta]$ 值可从有关规范和手册中查到。

例 4.4　如图 4.16(a)所示等直杆,已知直径 d=40 mm,a=400 mm,材料的剪切弹性模量 G=80 GPa,D、B 截面的相对扭转角为 $\varphi_{DB}=1°$。试求:(1)AD 杆的最大切应力;(2)C、A

截面的相对扭转角。

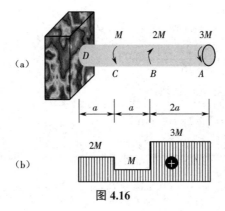

图 **4.16**

解 首先根据平衡方程,求出固定端 D 的约束反力为 $2M$,方向向上,利用直接画扭矩图的方法,画出该轴的扭矩图(图 4.16(b)),可知

$$T_{\max} = 3M$$

由 $\varphi_{DB} = \varphi_{CB} + \varphi_{DC} = 1°$,有

$$\left(\frac{Ma}{GI_p} + \frac{2Ma}{GI_p}\right) \times \frac{180°}{\pi} = 1°$$

则外力偶矩

$$M = 297.72\ \text{N·m}$$

(1)AD 杆的最大切应力为

$$\tau_{\max} = \frac{T_{\max}}{W_p} = \frac{3M}{\dfrac{\pi d^3}{16}} = \frac{3 \times 297.72}{\dfrac{3.14 \times 0.04^3}{16}} = 71.11\ \text{MPa}$$

(2)C、A 截面的相对扭转角为

$$\varphi_{CA} = \varphi_{CB} + \varphi_{BA}$$

$$= \left(\frac{Ma}{GI_p} + \frac{3M2a}{GI_p}\right) \times \frac{180°}{\pi}$$

$$= 2.33°$$

例 4.5 如图 4.17 所示,某汽车的主传动轴是用 40 号钢的电焊钢管制成的,钢管外径 $D=76$ mm,壁厚 $t=2.5$ mm,轴传递的转矩 $M=1.98$ kN·m,材料的许用剪应力 $[\tau] = 100$ MPa,切变模量 $G = 80$ GPa,轴的单位长度许用扭转角 $[\theta] = 2°$ /m。试校核该轴的强度和刚度。

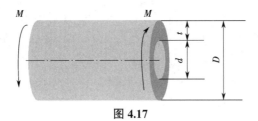

图 **4.17**

解　轴的扭矩等于外力偶矩,即

$$T=M=1.98 \text{ kN·m}$$

轴的内外径之比为

$$\alpha = \frac{d}{D} = \frac{D-2t}{D} = \frac{76-2\times2.5}{76} = 0.934$$

所以

$$I_p = \frac{\pi D^4(1-\alpha^4)}{32} = 7.82\times10^5 \text{ mm}^4$$

$$W_p = \frac{\pi D^3(1-\alpha^4)}{16} = 2.06\times10^4 \text{ mm}^3$$

由强度条件得

$$\tau_{max} = \frac{T_{max}}{W_p} = 96.1 \text{ MPa} \leqslant [\tau]$$

由刚度条件得

$$\varphi_{max} = \frac{T_{max}}{GI_p} \times \frac{180°}{\pi} = 1.81°/\text{m} \leqslant [\theta]$$

因此,该轴同时满足强度条件和刚度条件,可以安全工作。

习　　题

4.1　用截面法求如图所示各杆在 1—1、2—2、3—3 截面上的扭矩。

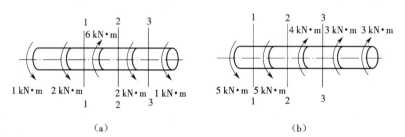

（a）　　　　　　　　　　　　　　　　（b）

题 4.1 图

4.2　作如图所示各杆的扭矩图。

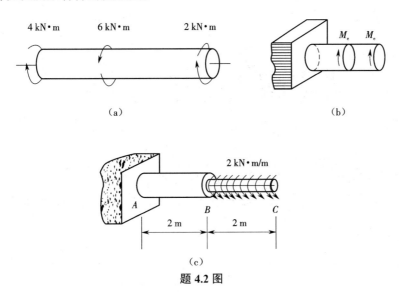

（a）　　　　　　　　　　　　　　　　　（b）

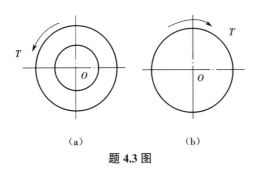

（c）

题 4.2 图

4.3　已知如图所示圆杆横截面上的扭矩,试画出截面上与扭矩 T 对应的切应力分布图。

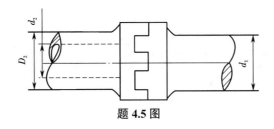

（a）　　　　　　（b）

题 4.3 图

4.4　在相同的强度条件下,用内外径之比 $d/D=1/2$ 的空心圆轴取代实心圆轴,可节省材料的百分比为多少?

4.5　实心圆轴和空心圆轴通过牙嵌离合器连接在一起,如图所示。已知轴的转速 $n=100$ r/min, 传递的功率 $P=7.5$ kW,材料的许用应力 $[\tau]=40$ MPa。试通过计算确定:（1）采用实心轴时,直径 d_1 的大小;（2）采用内外径比为 1/2 的空心轴时,外径 D_2 的大小。

题 4.5 图

4.6　如图所示皮带传动轮,轴的直径 $d=50$ mm,轴的转速 $n=180$ r/min,轴上装有四个皮带轮。已知轮 A 的输入功率 P_A=20 kW,轮 B、C、D 的输出功率分别为 P_B=3 kW,P_C=10 kW,P_D=7 kW,轴材料的许用切应力 $[\tau]$=40 MPa。试:(1)画出轴的扭矩图;(2)校核轴的强度。

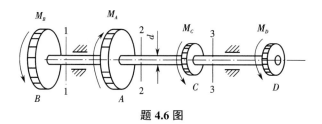

题 4.6 图

4.7   如图所示钢制传动轴,A 为主动轮,B、C 为从动轮,两从动轮转矩之比 $m_B/m_C = 2/3$,轴的直径 D=100 mm。试按强度条件确定主动轮的容许转矩 $[m_A]$。

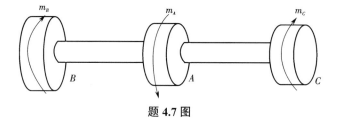

题 4.7 图

4.8   如图所示两段直径相同的实心钢轴,由法兰盘通过六个螺栓连接,传递功率 P=80 kW,转速 n=240 r/min,轴的许用切应力 $[\tau_1]$=80 MPa,螺栓的许用切应力 $[\tau_2]$=55 MPa。试:(1)校核轴的强度;(2)设计螺栓直径。

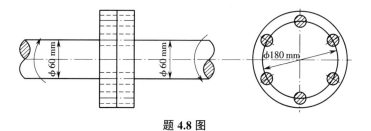

题 4.8 图

4.9   如图所示某机器的传动轴为钢制实心轴,轴的转速 n=700 r/min,主动轮 A 的输入功率 P_A=400 kW,从动轮 B、C、D 的输出功率分别为 $P_B=P_C$=120 kW,P_D=160 kW,其许用扭转切应力 $[\tau]$=40 MPa。试:(1)画出扭矩图并计算轴内的最大扭矩;(2)设计轴的直径。

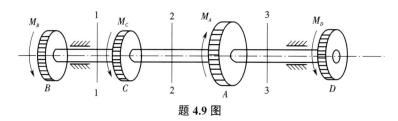

题 4.9 图

4.10   如图所示锥形圆轴,承受外力偶 M_e 作用,材料的剪切弹性模量为 G。试求两端

面的相对扭转角 φ。

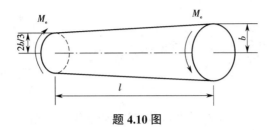

题 **4.10** 图

4.11 如图所示阶梯形圆杆，AE 段为空心，外径 $D=140$ mm，内径 $d=100$ mm；BC 段为实心，直径 $d=100$ mm，外力偶矩 $M_A=18$ kN·m，$M_B=32$ kN·m，$M_C=14$ kN·m，许用切应力 $[\tau]=80$ MPa，许用单位长度扭转角 $[\theta]=1.2°$ /m，剪切弹性模量 $G=80$ GPa。试校核该轴的强度和刚度。

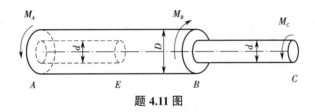

题 **4.11** 图

4.12 如图所示实心圆轴，直径 $d=100$ mm，长度 $l=1$ m，其两端所受外力偶矩 $M_e=14$ kN·m，材料的切变模量 $G=80$ GPa。试求：（1）最大切应力及两端面间的相对转角；（2）图示截面上 A、B、C 三点处切应力的数值及方向；（3）C 点处的切应变。

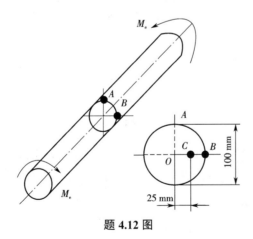

题 **4.12** 图

4.13 如图所示解放牌汽车，其主传动轴传递的最大扭矩 $T=1\,650$ N·m，传动轴用外径 $D=90$ mm，壁厚 $t=2.5$ mm 的钢管制成，材料为 20 钢，其许用应力 $[\tau]=70$ MPa。试校核该轴的强度。

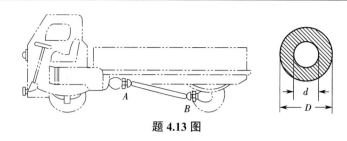
题 **4.13** 图

4.14　如图所示传动轴上装有四个带轮,其上分别作用主动力偶矩 m_1=120 N·m,从动轮力偶矩 m_2=70 N·m,m_3=20 N·m,m_4=30 N·m。试求截面 1—1、2—2、3—3 上的内力并画出扭矩图。这样把主动轮放在一侧,对提高轴的承载能力有利吗? 应该如何布局才更合理? 并说明原因。

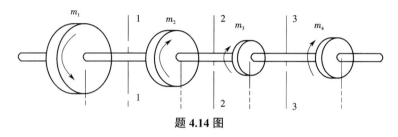
题 **4.14** 图

4.15　如图所示某薄壁圆筒,其平均半径 R=30 mm,壁厚 t=2 mm,长度 l=300 mm,当 m=1.2 kN·m 时,测得圆筒两端面间的扭转角 φ=0.76°。试计算横截面上的切应力和圆筒材料的剪切弹性模量 G。

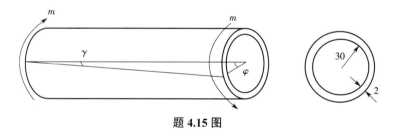
题 **4.15** 图

4.16　如图所示钢杆 AB 和铝杆 CD 的尺寸相同,且其材料的切变模量之比 G_{AB}/G_{CD}=3/1,BF 杆和 DE 杆均为刚性杆。试求 CD 杆的 E 处所受的约束反力。

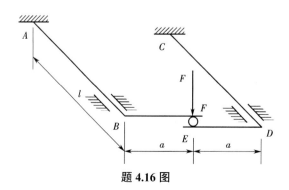
题 **4.16** 图

4.17 一个直径为 d 的实心圆杆如图所示,在承受扭转力偶 M_e 后,测得圆杆表面与纵向成 45° 方向上的线应变为 ε。试导出以 M_e,d 和 ε 表示的切变模量 G 的表达式。

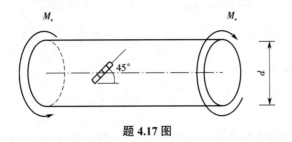

题 4.17 图

第5章 平面弯曲

5.1 弯曲的概念及实例

5.1.1 工程中的弯曲问题

弯曲是工程实际中最常见的一种基本变形。如图 5.1(a)所示的桥式吊车梁,如图 5.2(a)所示的火车轮轴,它们在各自的载荷作用下,其轴线将由原来的直线弯成曲线,此种变形称为弯曲。以弯曲变形为主的杆件通常称为**梁**。

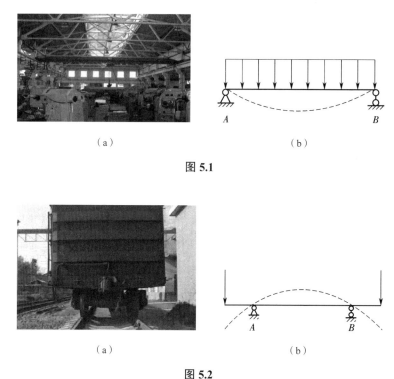

(a)   (b)

图 5.1

(a)   (b)

图 5.2

在工程实际中,绝大部分梁的横截面至少有一根对称轴,全梁至少有一个纵向对称面。使杆件产生弯曲变形的外力一定垂直于杆轴线,若这样的外力又均匀作用在梁的某个纵向对称面内(图 5.3),则梁的轴线将弯成位于此对称面内的一条平面曲线,此种弯曲称为**对称弯曲**。

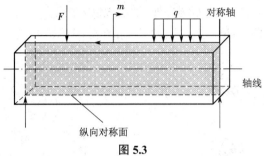

图 5.3

5.1.2　梁的计算简图

在计算梁的强度及刚度时,要从研究的主要问题入手,对梁所受的实际约束及载荷进行简化,从而得到便于进行定量分析的梁的计算简图。

1. 载荷的简化

一般可将载荷简化为两种形式。当载荷的作用范围很小时,可将其简化为集中载荷,如图 5.3 中的集中力 F、集中力偶 m。若载荷连续作用于梁上,则可将其简化为分布载荷,如水作用于水坝坝体上的作用力,土作用于挡土墙上的土压力,呈均匀分布的载荷称为均布载荷,如图 5.3 中的均布载荷 q。如图 5.1(a)中的吊车大梁,若考虑大梁自身重量对梁强度及刚度的影响,则可将梁自身重量简化为作用于全梁上的均布载荷。分布于单位长度上的载荷大小,称为载荷集度,通常用 q 表示。国际单位制中,载荷集度单位为 N/m 或 kN/m。

2. 实际约束的简化

根据构件所受实际约束方式,可将约束简化为下列几种形式。

1)滑动铰支座

这种支座只在支承处限制梁沿垂直于支座平面方向的位移,因此只产生一个垂直于支座平面的约束力,如图 5.4(a)所示。桥梁中的滚轴支座、机械中的径向轴承都可简化为滑动铰支座。

2)固定铰支座

这种支座在支承处限制梁沿任何方向的位移,可用两个分力表示相应的约束力,如图 5.4(b)所示。桥梁下的固定支座、机械中的止推轴承可简化为固定铰支座。

3)固定端支座

这种约束既限制梁端的线位移,也限制其角位移,相应的约束力有三个:两个约束分力和一个约束力偶,如图 5.4(c)所示。电线杆与基础的连接、机械中的止推长轴承均可简化为固定端支座。

3. 梁的类型

如约束反力全部可以根据平衡方程直接确定,这样的梁称为静定梁。根据约束的类型及其所处位置,可将静定梁分为三种基本类型。

(1)简支梁:一端为固定铰支座,另一端为滑动铰支座的梁,如图 5.1(b)所示。

（2）外伸梁：简支梁的一端或两端外伸,如图 5.2(b)所示。

（3）悬臂梁：一端固定而另一端自由的梁,如图 5.5 所示。

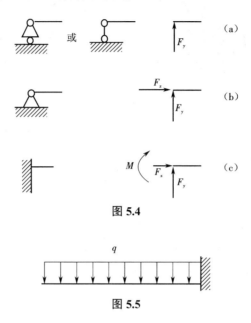

图 5.4

图 5.5

5.2　弯曲内力

5.2.1　弯曲内力——剪力与弯矩

根据静力学平衡方程,梁上的载荷及约束力确定后,即可利用截面法分析梁的各个横截面的内力,为梁的强度计算及刚度计算做好准备。

如图 5.6 所示,用截面法分析 C 处截面的内力。

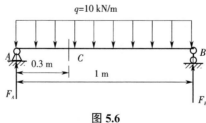

图 5.6

首先依据平衡条件确定约束力。由静力平衡方程

$$\begin{cases} \sum m_A(F) = 0 \\ \sum m_B(F) = 0 \end{cases}$$

可直接求出约束力

$$
\begin{cases}
F_A = 5\ \text{kN} \\
F_B = 5\ \text{kN}
\end{cases}
$$

以一假想平面在 C 处将梁截开,选其左段为研究对象,分析 AC 段受力。如图 5.7 所示, AC 段上作用着均布载荷 q、约束力 F_A 两个外载荷,还有 C 截面的内力(BC 段对 AC 段的作用力)。

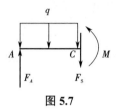

图 5.7

由平衡条件 $\sum F_y = 0$ 可知, C 截面上一定存在沿铅垂方向的内力与外力平衡,这种与截面平行的内力称为**剪力**,用 F_S 表示。剪力的大小由平衡方程

$$
\sum F_y = F_A - q \times AC - F_S = 0
$$

解得

$$
F_S = 5 - 10 \times 0.3 = 2\ \text{kN}
$$

由平衡条件 $\sum m_C(F) = 0$ 可知, C 截面上一定存在另一个内力分量,即内力偶。此内力分量称为**弯矩**,用 M 表示。弯矩的大小由平衡方程

$$
\sum m_C(F) = M + q \times AC \times \frac{AC}{2} - F_A \times AC = 0
$$

解得

$$
M = 5 \times 0.3 - 10 \times 0.3 \times \frac{0.3}{2} = 1.05\ \text{kN} \cdot \text{m}
$$

注:一般将所求截面的形心作为力矩平衡方程的矩心。

若选取右段作为研究对象,所求得的弯曲内力即为 C 处右截面的内力,根据作用力与反作用力的关系, C 处左、右截面上剪力、弯矩的方向一定是相反的,如图 5.8 所示。

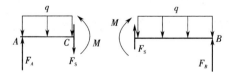

图 5.8

因此,对弯曲内力的正负号规定如下:截面上的剪力对所选梁段上任意一点的矩为顺时针转向时,剪力为正,反之为负;截面上的弯矩使得梁呈凹形时为正,反之为负,如图 5.9 所示。

这样,当采用截面法计算弯曲内力时,以一个假想平面将梁截开后,无论选择哪一段作

为研究对象,所计算出的同一截面的内力就会具有相同的正负号。

　　综上所述,可将计算弯曲内力的方法概括如下:

　　(1)在需要计算内力的截面处,以一个假想的平面将梁截开,任选其中一段为研究对象(一般选择载荷较少的部分为研究对象,以便于计算);

　　(2)对研究对象进行受力分析,此时一般在截面处按正方向假设画出剪力与弯矩;

　　(3)由平衡方程 $\sum F_y = 0$ 计算截面处剪力 F_S;

　　(4)以所截截面形心 O 为矩心,由平衡方程 $\sum m_O(F) = 0$,计算截面处弯矩 M。

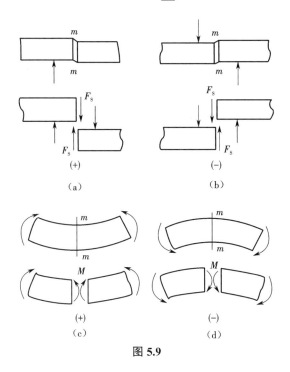

图 5.9

5.2.2　剪力方程与弯矩方程、剪力图与弯矩图

　　一般情况下,梁横截面上的剪力与弯矩是随截面的位置而变化的。因此,沿梁轴线方向选取坐标 x,以此表示各横截面的位置,建立梁内各横截面的剪力 F_S、弯矩 M 与 x 的函数关系,即

$$F_S = F_S(x), \quad M = M(x)$$

　　上述关系式分别称为剪力方程和弯矩方程,此方程从数学角度精确地给出了弯曲内力沿梁轴线的变化规律。可用图线表示梁的各横截面上剪力和弯矩沿轴线变化的情况,即剪力图与弯矩图。通过剪力图与弯矩图可直观地了解梁各横截面上的内力变化的规律。下面用例题来说明。

　　例 5.1　图 5.10(a)给出了一简支梁的计算简图。试列出梁的剪力方程和弯矩方程,并作剪力图与弯矩图。

解 （1）求支座反力。

由平衡方程 $\begin{cases} \sum m_A(F) = 0 \\ \sum m_B(F) = 0 \end{cases}$ 可求得约束力：

$$\begin{cases} F_A = ql/2 \\ F_B = ql/2 \end{cases}$$

（2）列剪力方程与弯矩方程。

在距 A 点 x 处截取左段梁为研究对象，其受力如图 5.10（b）所示。由平衡方程

$$\begin{cases} \sum F_y = F_A - qx - F_S(x) = 0 \\ \sum m_O(F) = M(x) + qx \cdot \dfrac{x}{2} - F_A x = 0 \end{cases}$$

得

$$\begin{cases} F_S(x) = \dfrac{ql}{2} - qx & (0 \leqslant x \leqslant l) \\ M(x) = -\dfrac{qx^2}{2} + \dfrac{ql}{2}x & (0 \leqslant x \leqslant l) \end{cases}$$

（3）画剪力图与弯矩图。

由剪力方程可知剪力图为一斜直线（两点确定一条直线，当 $x=0$ 时，$F_S=ql/2$；当 $x=l$ 时，$F_S=-ql/2$），如图 5.10（c）所示。

由弯矩方程可知弯矩图为一抛物线，且抛物线开口向下，在 $x=l/2$ 处，弯矩有极值，$M_{max}=ql^2/8$；当 $x=0$ 及 $x=l$ 时，$M=0$，如图 5.10（d）所示。

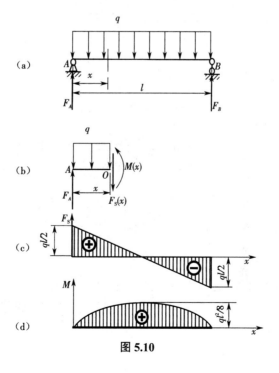

图 5.10

由剪力图及弯矩图可见,在靠近两支座的横截面上剪力的绝对值最大;在梁的中点截面上,剪力为零,而弯矩最大。

例 5.2 图 5.11(a)给出了一悬臂梁的计算简图。试列出梁的剪力方程和弯矩方程,并作剪力图与弯矩图。

解 (1)列剪力方程与弯矩方程。

以 A 为坐标原点,在距原点 x 处将梁截开,取左段梁为研究对象,其受力如图 5.11(b)所示。

由平衡方程 $\begin{cases} \sum F_y = -F - F_S(x) = 0 \\ \sum m_O(F) = M(x) + Fx = 0 \end{cases}$ 可得 x 截面的剪力与弯矩:

$$\begin{cases} F_S(x) = -F & (0 < x < l) \\ M(x) = -Fx & (0 \leq x \leq l) \end{cases}$$

(2)根据剪力方程与弯矩方程作剪力图和弯矩图。

由剪力方程可知,梁各截面的剪力不随截面的位置而变化,因此剪力图为一条水平直线,如图 5.11(c)所示。

由弯矩方程可知,梁各截面的弯矩是 x 的一次函数,弯矩图为一条斜直线(两点确定一线,当 $x=0$ 时,$M=0$;当 $x=l$ 时,$M=-Fl$),如图 5.11(d)所示。

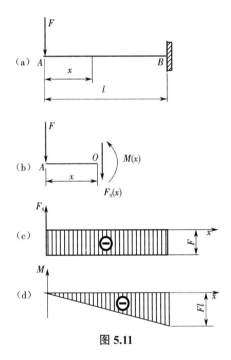

图 5.11

由于在剪力图与弯矩图中的坐标比较明确,故习惯上往往不再将坐标轴画出。

例 5.3 图 5.12(a)给出了一简支梁的计算简图。试列出梁的剪力方程和弯矩方程,并作剪力图与弯矩图。

解 (1)计算支反力。

由平衡方程 $\begin{cases} \sum m_A(F) = 0 \\ \sum m_B(F) = 0 \end{cases}$ 可求得约束力:

$$\begin{cases} F_A = Fb/l \\ F_B = Fa/l \end{cases}$$

(2)列剪力方程与弯矩方程。

由于 C 处有集中力 F 作用,故 AC 和 BC 两段必须分别列出梁的剪力方程和弯矩方程。

AC 段:以 A 为原点,在距 A 点 x_1 处截取左段梁作为研究对象,其受力如图 5.12(b)所示。根据平衡条件分别得

$$\begin{cases} F_S(x_1) = Fb/l & (0 < x_1 < a) \\ M(x_1) = Fbx_1/l & (0 \leqslant x_1 \leqslant a) \end{cases}$$

BC 段:为计算简便,以 B 为原点,在距 B 点 x_2 处截取梁的右段作为研究对象,其受力如图 5.12(c)所示。根据平衡条件分别得

$$\begin{cases} F_S(x_2) = -Fa/l & (0 < x_2 < b) \\ M(x_2) = Fax_2/l & (0 \leqslant x_2 \leqslant b) \end{cases}$$

(3)根据剪力方程与弯矩方程作剪力图和弯矩图。

根据 AC、BC 两段各自的剪力方程与弯矩方程,分别画出两段梁的剪力图与弯矩图,如图 5.12(d)和(e)所示。

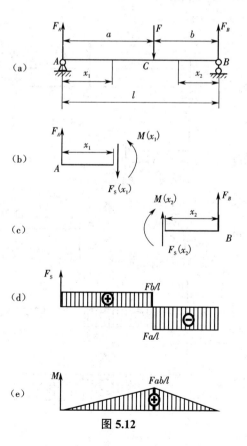

图 5.12

从剪力图与弯矩图可以看出,在集中力作用处,其左、右两侧横截面上的弯矩相同,而剪力则发生突变,突变量与该集中力数值相等。

例 5.4   如图 5.13(a)所示外伸梁,在自由端处受到 $m=4\,\text{kN}\cdot\text{m}$ 的集中力偶作用。试作梁的剪力图与弯矩图。

解   (1)计算支反力。

由平衡方程 $\begin{cases} \sum m_A = 0 \\ \sum F_y = 0 \end{cases}$ 分别求得

$$\begin{cases} F_A = 2\,\text{kN}(\downarrow) \\ F_B = 2\,\text{kN}(\uparrow) \end{cases}$$

(2)列剪力方程与弯矩方程。

AC 段:以 A 为原点,在距 A 点 x_1 处截取左段梁作为研究对象,其受力如图 5.13(b)所示。根据平衡条件分别得

$$\begin{cases} F_S(x_1) = -2\,\text{kN} & (0 < x_1 < 2\,\text{m}) \\ M(x_1) = -2x_1 & (0 \leqslant x_1 \leqslant 2\,\text{m}) \end{cases}$$

BC 段:以 B 为原点,在距 B 点 x_2 处截取右段梁作为研究对象,其受力如图 5.13(c)所示。根据平衡条件分别得

$$\begin{cases} F_S(x_2) = 0 & (0 < x_2 < 1\,\text{m}) \\ M(x_2) = -4\,\text{kN}\cdot\text{m} & (0 < x_2 \leqslant 1\,\text{m}) \end{cases}$$

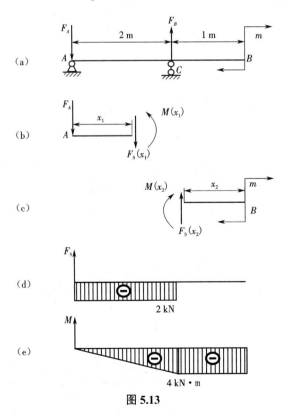

图 5.13

（3）作剪力图与弯矩图。

根据剪力方程和弯矩方程,分别画出剪力图和弯矩图,如图5.13(d)和(e)所示。

由内力图可以看出,在集中力偶作用处,其左、右两侧横截面上的剪力相同,但弯矩则发生突变,突变量等于该集中力偶矩的大小。

5.2.3 载荷集度、剪力、弯矩之间的微分关系

经过上述例题观察发现,作用在梁上的载荷越多,其内力方程需根据外载荷作用情况分段列出,对于这种内力方程较多的梁,依据内力方程作剪力图与弯矩图,则是一项非常烦琐的工作。因此,试图分析剪力、弯矩与载荷集度之间是否存在某种数学关系,以便据此找到剪力图、弯矩图的某些规律,从而快速、简便地画出剪力、弯矩图。

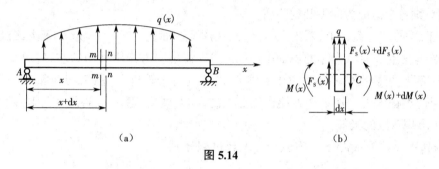

图 5.14

如图5.14(a)所示梁,受分布载荷 $q=q(x)$ 作用。为了寻找剪力、弯矩沿梁轴的变化情况,选梁的左端为坐标原点,用距离原点分别为 x、$x+dx$ 的两个横截面 m—m、n—n 从梁中切取一微段进行分析,其受力如图5.14(b)所示。

设微段的 m—m 截面上的内力为 $F_S(x)$、$M(x)$,n—n 截面上的内力为 $F_S(x)+dF_S(x)$、$M(x)+dM(x)$,微段上作用的分布载荷可视为均布载荷。

由平衡方程 $\sum F_y = F_S(x) + q dx - [F_S(x) + dF_S(x)] = 0$,得

$$\frac{dF_S(x)}{dx} = q \tag{5.1}$$

由平衡方程 $\sum M_C(F) = M(x) + dM(x) - q dx \frac{dx}{2} - F_S(x)dx - M(x) = 0$（略去其中的高阶微量 $q dx \frac{dx}{2}$ ）,得

$$\frac{dM(x)}{dx} = F_S(x) \tag{5.2}$$

由式(5.1)和式(5.2)可得

$$\frac{d^2 M(x)}{dx^2} = q(x) \tag{5.3}$$

以上三式即为剪力、弯矩与载荷集度之间的微分关系式。

（1）在梁的某一段内，若无分布载荷作用，即 $q(x)=0$，由 $\dfrac{\mathrm{d}F_\mathrm{S}(x)}{\mathrm{d}x}=q=0$ 可知，在这一段内 $F_\mathrm{S}(x)$＝常数，剪力图是平行于 x 轴的直线，如图 5.13（d）所示；再由 $\dfrac{\mathrm{d}M(x)}{\mathrm{d}x}=F_\mathrm{S}(x)$＝常数，可知 $M(x)$ 是 x 的一次函数，弯矩图是斜直线（当 $F_\mathrm{S}(x)=0$ 时，$M(x)$＝常数，弯矩图是平行于 x 轴的直线段），如图 5.13（e）所示。

（2）在梁的某一段内，若作用均布载荷，即 $q(x)$＝常数，由式（5.1）可知在这一段内 $F_\mathrm{S}(x)$ 是 x 的一次函数，$M(x)$ 是 x 的二次函数，因而剪力图是斜直线，弯矩图是抛物线。例 5.1 就说明了这一点。在梁的某一段内，若分布载荷 $q(x)$ 向下，则因向下的 $q(x)$ 为负，故 $\dfrac{\mathrm{d}^2M(x)}{\mathrm{d}x^2}=\dfrac{\mathrm{d}F_\mathrm{S}(x)}{\mathrm{d}x}=q<0$，这表明弯矩图应为向上凸的曲线，如图 5.10（d）所示；反之，若分布载荷向上，则弯矩图应为向下凸的曲线。

（3）在梁的某一截面上，若 $F_\mathrm{S}(x)=0$，则在这一截面上弯矩有一极值（极大或极小），即弯矩的极值发生于剪力为零的截面上（例 5.1）。在集中力作用截面的左、右两侧，剪力 F_S 有一突然变化，弯矩图的斜率也发生突然变化，成为一个转折点（例 5.3）。弯矩的极值就可能出现于这类截面上。在集中力偶作用截面的左、右两侧，弯矩发生突然变化（例 5.4），该截面也将出现弯矩的极值。

（4）利用导数关系式（5.1）和式（5.2），经过积分得

$$\begin{cases} F_\mathrm{S}(x_2)-F_\mathrm{S}(x_1)=\displaystyle\int_{x_1}^{x_2}q(x)\mathrm{d}x \\ M(x_2)-M(x_1)=\displaystyle\int_{x_1}^{x_2}F_\mathrm{S}(x)\mathrm{d}x \end{cases} \tag{5.4}$$

以上两式表明，在 $x=x_2$ 和 $x=x_1$ 两截面上的剪力之差，等于两截面间分布载荷图的面积；两截面上的弯矩之差，等于两截面间剪力图的面积。上述关系自然也可用于剪力图和弯矩图的绘制与校核。

依据上面所推出的 F_S、M、q 之间的微分关系，加之例 5.3、例 5.4 所给出的结论，可以总结出在几种载荷作用下剪力图、弯矩图的规律、特征，见表 5.1。表中仅体现了剪力和弯矩的微分关系的特征表现，未给出具体数值上的对应关系，详见例题说明。

例 5.5　如图 5.15 所示外伸梁，集中力 $F=10$ kN，均布载荷集度 $q=2$ kN/m，集中力偶 $M=4$ kN·m。试利用剪力、弯矩与载荷集度的微分关系绘制出梁的剪力图、弯矩图。

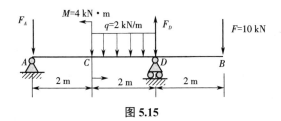

图 5.15

表 5.1　在几种载荷作用下 F_S 图与 M 图的特征

梁上载荷情况	无载荷 $q=0$		均布载荷		集中力	集中力偶
F_S 图特征	水平直线		上倾斜直线	下倾斜直线	在 C 截面有突变	在 C 截面无变化
	$F_S>0$	$F_S<0$	$q>0$	$q<0$		
	⊕	⊖				
M 图特征	上倾斜直线	下倾斜直线	下凸抛物线	上凸抛物线	在 C 截面有转折角	在 C 截面有突变
			$F_S=0$ 处,M 有极值			

解　(1)求 A 处约束力。

由平衡方程 $\begin{cases} \sum m_A(F)=0 \\ \sum m_D(F)=0 \end{cases}$ 可求得约束力:

$$\begin{cases} F_A=3\text{ kN} \\ F_D=17\text{ kN} \end{cases}$$

(2)利用本节讨论的微分关系绘制剪力图。

由梁的 A 截面开始作图,支座反力 F_A 竖直向下,剪力图首先突变,剪力由 0 先向下突变至 -3 kN, AC 段无分布载荷,剪力图为水平直线,截面 A 右和截面 C 左剪力相等,均为 -3 kN;C 截面集中力偶对剪力无影响,截面 C 左和截面 C 右剪力相等,也为 -3 kN,截面 C 至 D 之间作用着向下的均布载荷,剪力图为斜直线,计算截面 D 左的剪力为 $(-3-2\times2)$ kN$=-7$ kN;支座 D 约束反力竖直向上,剪力图再次突变,剪力由 -7 kN 向上突变至 $+10$ kN,DB 段无分布载荷,剪力图为水平直线,截面 D 右和截面 B 左剪力相等,均为 $+10$ kN。最终剪力图如图 5.16 所示。

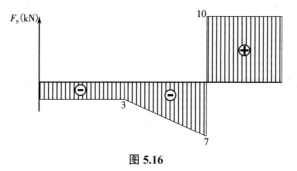

图 5.16

（3）利用微分关系绘制弯矩图。

根据弯矩及剪力的微分关系,由式(5.4)的积分关系,可以利用剪力图的面积计算各个控制截面的弯矩数值。截面 A 弯矩 $M_A=0$,从截面 A 到 C 梁上无均布载荷,剪力为常数 -3 kN,弯矩图为斜直线,$M_{C左}=0+(-3 \text{ kN} \times 2 \text{ m})=-6 \text{ kN}\cdot\text{m}$,截面 C 作用集中力偶 M,弯矩图突变,$M_{C右}=M_{C左}-4 \text{ kN}\cdot\text{m}=-6 \text{ kN}\cdot\text{m}-4 \text{ kN}\cdot\text{m}=-10 \text{ kN}\cdot\text{m}$,从 C 到 D 梁上作用向下均布载荷,弯矩图为抛物线,$M_D=-10 \text{ kN}\cdot\text{m}+\frac{1}{2}\times[(-3)+(-7)]\times 2 \text{ kN}\cdot\text{m}=-20 \text{ kN}\cdot\text{m}$,从截面 D 到 B 梁上无均布载荷,剪力为常数 10 kN,弯矩图为斜直线,$M_B=-20 \text{ kN}\cdot\text{m}+10 \text{ kN}\times 2 \text{ m}=0$。最终弯矩图如图 5.17 所示。

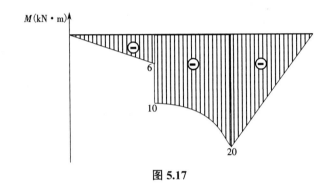

图 5.17

例 5.6　如图 5.18 所示悬臂梁,在 BC 段作用有均布载荷 q,自由端作用一个 $F=qa/2$ 的集中力,作梁的剪力图与弯矩图。

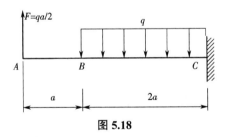

图 5.18

解　(1)内力分析。

由梁的 A 截面开始作图,集中力 F 竖直向上,剪力图首先突变,剪力由 0 先上突变至 $+\frac{1}{2}qa$,AB 段无分布载荷,剪力图为水平直线,截面 A 右和截面 B 左的剪力相等,均为 $+\frac{1}{2}qa$,两点确定一条直线,AB 段剪力为常数,弯矩图为斜直线,$M_A=0$,$M_B=0+\frac{1}{2}qa\times a=\frac{1}{2}qa^2$,两点确定一条直线;截面 B 至 C 之间作用着向下的均布载荷,剪力图为斜直线,截面 C 左剪力为 $\frac{1}{2}qa-q\times 2a=-\frac{3}{2}qa$,两点确定一条直线,截面 D 剪力为零,弯矩为极值,D 距离 B 的距离为 $a/2$,BC 段弯矩图为向上凸抛物线,其中

$$M_D = \frac{1}{2}qa^2 + \frac{1}{2} \times \frac{a}{2} \times \frac{1}{2}qa = \frac{5}{8}qa^2$$

$$M_C = \frac{5}{8}qa^2 + (-\frac{1}{2} \times \frac{3a}{2} \times \frac{3}{2}qa) = -\frac{1}{2}qa^2$$

B、D、C 三点弯矩光滑连接成一条抛物线。

（2）绘出剪力图、弯矩图,如图 5.19 所示。

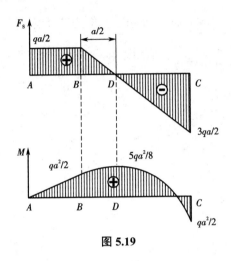

图 5.19

例 5.7　试作出如图 5.20 所示简支梁的剪力图与弯矩图。

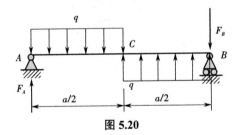

图 5.20

解　（1）求支座反力。

由平衡方程 $\begin{cases} \sum m_A(F) = 0 \\ \sum m_B(F) = 0 \end{cases}$ 可求得约束力:

$$\begin{cases} F_A = qa/4 \\ F_B = qa/4 \end{cases}$$

（2）内力分析。

由梁的 A 截面开始作图,约束反力 F_A 竖直向上,剪力图首先突变,剪力由 0 先上突变至 $+\frac{1}{4}qa$, AC 段作用着向下的均布载荷 q ,剪力图为斜直线,截面 C 的剪力为 $\frac{1}{4}qa - \frac{1}{2}qa = -\frac{1}{4}qa$,两点确定一条直线,其中截面 D 剪力为零,弯矩为极值, D 距离 A 的距

离为 $a/4$，AC 段弯矩图为向上凸的二次抛物线，$M_A=0$，$M_D=0+\frac{1}{2}\times\frac{1}{4}qa\times\frac{1}{4}a=\frac{1}{32}qa^2$，

$M_C=0$，A、D、C 三点弯矩光滑连接成一条抛物线；CB 段作用着向上的均布载荷 q，剪力图为斜直线，截面 B 左剪力为 $-\frac{1}{4}qa+q\times\frac{1}{2}a=+\frac{1}{4}qa$，两点确定一条直线，截面 E 剪力为零，弯矩为极值，E 距离 B 的距离为 $a/4$，CB 段弯矩图为向下凸抛物线，$M_C=0$，

$M_E=0-\frac{1}{2}\times\frac{1}{4}qa\times\frac{1}{4}a=-\frac{1}{32}qa^2$，$M_B=0$，C、E、B 三点弯矩光滑连接成一条抛物线。

（3）画剪力图、弯矩图，如图 5.21 所示。

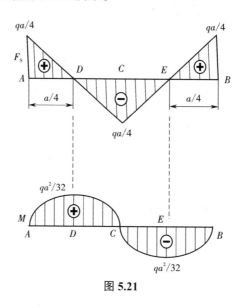

图 5.21

5.3 弯曲应力

5.3.1 纯弯曲

前面详细讨论了梁横截面上的剪力和弯矩。前面曾经指出，弯矩是垂直于横截面的内力系的合力偶之矩；而剪力是切于横截面的内力系的合力。所以，弯矩 M 只与横截面上的正应力 σ 相关，而剪力 F_S 只与切应力 τ 相关。本节将研究正应力 σ 与切应力 τ 的分布规律。

在图 5.22 中，简支梁上的两个外力 F 对称的作用于梁的纵向对称面内，其剪力图和弯矩图分别如图 5.23 和图 5.24 所示。从图中可以看出，在 AC 和 DB 两段内梁横截面上既有弯矩又有剪力，因而既有正应力又有切应力。这种情况称为横力弯曲或剪切弯曲。在 CD 段内，梁横截面上的剪力等于零，而弯矩为常量，于是就只有正应力而无切应力。这段梁的弯曲称为纯弯曲。例如在图 5.2 中火车轮轴在两个车轮之间的一段，其变形就是纯弯曲。

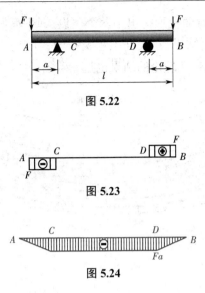

图 5.22

图 5.23

图 5.24

纯弯曲容易在材料试验机上实现,并用于观察变形规律。在变形前的杆件侧面上作纵向线段 aa 和 bb,并作与它们垂直的横向线段 mm 和 nn(图 5.25),然后使杆件发生纯弯曲变形,变形后纵向线段 aa 和 bb 弯曲成弧线(图 5.26),但横向线段 mm 和 nn 仍保持为直线,它们相对旋转一个角度后,仍然垂直于弧线 $\widehat{a'a'}$ 和 $\widehat{b'b'}$。根据这样的试验结果,可以假设变形前原为平面的梁的横截面变形后仍保持为平面,且仍然垂直于变形后的梁轴线。这就是弯曲变形的平面假设。

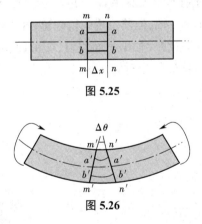

图 5.25

图 5.26

设想梁由平行于轴线的众多纵向纤维组成。发生弯曲变形后,例如发生如图 5.27 所示向下凸的弯曲变形后,必然要引起靠近底面的纤维伸长,靠近顶面的纤维缩短。因为横截面仍保持为平面,所以沿横截面高度,应由底面纤维的伸长连续地逐渐变为顶面纤维的缩短,中间必定有一层纤维的长度不变。这一层纤维称为**中性层**。中性层与横截面的**交线**称为**中性轴**。在中性层上、下两侧的纤维,如一侧伸长,则另一侧必缩短。这就形成横截面绕中性轴的微小转动。由于梁上的载荷都作用于梁的纵向对称面内,梁的整体变形应对称于纵向对称面,这就要求中性轴与纵向对称面垂直。

以上对弯曲变形作了概括的描述。在纯弯曲变形中,还认为各纵向纤维之间并无相互作用的正应力。至此,对纯弯曲变形提出了两个假设,即平面假设和纵向纤维间无正应力。根据这两个假设得出的理论结果,在长期工程实践中,符合实际情况,经得住实践的检验。而且,在纯弯曲的情况下,与弹性理论的结果也是一致的。

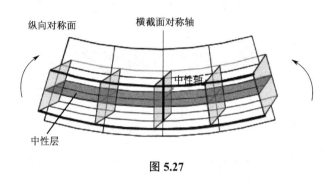

图 5.27

5.3.2　纯弯曲时的正应力

设在梁的纵向对称面内,只作用大小相等、转向相反的一对力偶,使梁产生纯弯曲。这时梁的横截面上只有弯矩,因而只有与弯矩相关的正应力。如研究扭转一样,也从综合考虑变形几何关系、物理关系和静力关系等三方面入手,研究纯弯曲时的正应力。

1. 变形几何关系

弯曲变形前、后的梁段分别如图 5.28 和图 5.29 所示。以梁横截面的对称轴为 y 轴,且向下为正(图 5.30);以中性轴为 z 轴,但其位置尚待确定;在中性轴未确定之前,x 轴只能暂时认为是通过原点的横截面的法线。根据平面假设,变形前相距为 $\mathrm{d}x$ 的两个横截面,变形后绕各自的中性轴转动,两横截面的相对转角为 $\mathrm{d}\theta$,并仍保持为平面。这就使得梁内距中性层为 y 的纵向纤维 bb 的长度变为

$$\widehat{b'b'} = (\rho + y)\mathrm{d}\theta \qquad\qquad (5.5)$$

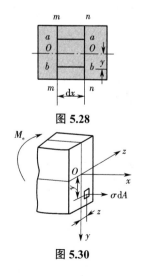

图 5.28

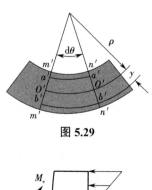

图 5.29

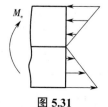

图 5.30

图 5.31

这里 ρ 为中性层的曲率半径, 纤维 bb 的原长度为 $\mathrm{d}x$, 且 $\overline{bb} = \mathrm{d}x = \overline{OO}$。因为变形前、后中性层内纤维 OO 的长度不变, 故有

$$\overline{bb} = \mathrm{d}x = \overline{OO} = \overline{O'O'} = \rho\mathrm{d}\theta \tag{5.6}$$

根据应变的定义, 求得纤维 bb 的应变为

$$\varepsilon = \frac{(\rho + y)\mathrm{d}\theta - \rho\mathrm{d}\theta}{\rho\mathrm{d}\theta} = \frac{y}{\rho} \tag{5.7}$$

可见, 纵向纤维的应变与它到中性层的距离成正比。

2. 物理关系

因为纵向纤维之间无正应力, 每一线段都是单向拉伸或压缩。当应力小于比例极限时, 由胡克定律知

$$\sigma = E\varepsilon \tag{5.8}$$

将式(5.7)代入式(5.8), 得

$$\sigma = E\frac{y}{\rho} \tag{5.9}$$

这表明任意纵向纤维的正应力与它到中性层的距离成正比。在横截面上, 任意点的正应力与该点到中性轴的距离成正比。亦即沿截面高度, 正应力按直线规律变化, 如图 5.31 所示。

3. 静力关系

横截面上的微内力 $\sigma\mathrm{d}A$ 组成垂直于横截面的空间平行力系(在图 5.30), 只画出力系中的一个微内力 $\sigma\mathrm{d}A$。这一力系只可能简化成为三个内力分量: 平行于 x 轴的轴力 F_N, 使截面分别绕 y 轴和 z 轴转动的力偶 M_y 和 M_z。它们分别是

$$\begin{cases} F_\mathrm{N} = \int_A \sigma\mathrm{d}A \\ M_y = \int_A z\sigma\mathrm{d}A \\ M_z = \int_A y\sigma\mathrm{d}A \end{cases} \tag{5.10}$$

横截面上的这些内力应与截面左侧的外力相平衡。在纯弯曲情况下, 截面左侧的外力只有作用在纵向对称面内的对 z 轴的力偶 M_e(图 5.30), 并无可以与 F_N 和 M_y 相平衡的相应外力。由于内、外力必须满足平衡方程 $\sum F_x = 0$ 和 $\sum F_y = 0$, 故有 $F_\mathrm{N} = 0$ 和 $M_y = 0$, 即

$$F_\mathrm{N} = \int_A \sigma\mathrm{d}A = 0 \tag{5.11}$$

$$M_y = \int_A z\sigma\mathrm{d}A = 0 \tag{5.12}$$

这样, 横截面上的内力系最终只归结为一个力偶 M_z, 它也就是弯矩 M, 即

$$M_z = M = \int_A y\sigma\mathrm{d}A \tag{5.13}$$

根据平衡方程, 弯矩 M 与外力偶 M_e 大小相等、转向相反。

将式(5.9)代入式(5.11), 得

$$\int_A \sigma\mathrm{d}A = \frac{E}{\rho}\int_A y\mathrm{d}A = 0 \tag{5.14}$$

式中:$\dfrac{E}{\rho}$ = 常量,不等于零,故必有 $\int_A y\mathrm{d}A = S_z = 0$,即横截面对 z 轴的静矩等于零,亦即 z 轴 (中性轴)通过截面形心。这就完全确定了 z 轴和 x 轴的位置。中性轴通过截面形心又包含在中性层内,所以梁截面的形心连线(轴线)也在中性层内,变形后其长度不变。

将式(5.9)代入式(5.12),得

$$\int_A z\sigma\mathrm{d}A = \frac{E}{\rho}\int_A yz\mathrm{d}A = 0 \tag{5.15}$$

式中:积分 $\int_A yz\mathrm{d}A = I_{yz}$ 是横截面对 y 和 z 轴的惯性积。由于 y 轴是横截面的对称轴,必然有 $I_{yz} = 0$。所以,式(5.15)是自然满足的。

将式(5.9)代入式(5.13),得

$$M = \int_A y\sigma\mathrm{d}A = \frac{E}{\rho}\int_A y^2\mathrm{d}A \tag{5.16}$$

式中

$$\int_A y^2\mathrm{d}A = I_z \tag{5.17}$$

是横截面对 z 轴(中性轴)的惯性矩。于是式(5.16)可以写成

$$\frac{1}{\rho} = \frac{M}{EI_z} \tag{5.18}$$

式中:$\dfrac{1}{\rho}$ 是梁轴线变形后的曲率。式(5.18)表明,EI_z 越大,则曲率 $\dfrac{1}{\rho}$ 越小,故 EI_z 称为梁的抗弯刚度。从式(5.18)和式(5.9)中消去 $\dfrac{1}{\rho}$ 得

$$\sigma = \frac{My}{I_z} \tag{5.19}$$

这就是纯弯曲时,梁横截面上弯曲正应力的计算公式。对图 5.30 所取坐标系,在弯矩 M 为正的情况下,y 为正时 σ 为正,即为拉应力;y 为负时 σ 为负,即为压应力。一点的应力是拉应力或压应力,也可以由弯曲变形直接判定,不一定借助于坐标 y 的正或负。因为,以中性层为界,梁在突出的一侧受拉,凹入的一侧受压。这样,就可把式(5.19)的 y 看作一点到中性轴的距离的绝对值。

导出式(5.18)和式(5.19)时,为了方便,把梁截面画成矩形,但在推导过程中,并未用过矩形的几何特性。所以,只要梁有一纵向对称面,且载荷作用于这一平面内,公式就适用。

以上分析也表明,要确定横截面上的分布内力系对梁(或杆、轴)变形的影响,最简单的方法是将内力系向横截面的形心主惯性轴简化。

5.3.3　横力弯曲时的正应力

工程中常见的弯曲问题多为横力弯曲,这时梁的横截面上不但有正应力还有剪应力。由于剪应力的存在,横截面不能再保持为平面。同时,在横力弯曲下,往往也不能保证纵向纤维之间没有正应力。虽然横力弯曲与纯弯曲存在以上差异,但用式(5.19)计算横力弯曲

时的正应力,并不会引起很大误差,能够满足工程问题所需要的精度。

横力弯曲时,弯矩随截面位置变化。一般情况下,最大正应力 $\sigma_{\max}$ 发生于弯矩最大的截面上,且离中性轴最远处。于是由式(5.19)得

$$\sigma_{\max} = \frac{M_{\max} y_{\max}}{I_z} \tag{5.20}$$

但式(5.19)表明,正应力不仅与 M 有关,而且与 $\dfrac{y}{I_z}$ 有关,亦即与截面的形状和尺寸有关。对截面为某些形状的梁或变截面梁进行强度校核时,不应只注意弯矩为最大值的截面。

引用记号

$$W = \frac{I_z}{y_{\max}} \tag{5.21}$$

则式(5.20)可以改写成

$$\sigma_{\max} = \frac{M_{\max}}{W} \tag{5.22}$$

W 称为抗弯截面系数,它与截面的几何形状有关,单位为 m^3。若截面是高为 h、宽为 b 的矩形,则

$$W = \frac{I_z}{h/2} = \frac{bh^3/12}{h/2} = \frac{bh^2}{6} \tag{5.23}$$

若截面是直径为 d 的圆形,则

$$W = \frac{I_z}{d/2} = \frac{\pi d^4/64}{d/2} = \frac{\pi d^3}{32} \tag{5.24}$$

求出最大弯曲正应力后,弯曲的强度条件为

$$\sigma_{\max} = \frac{M_{\max}}{W} \leqslant [\sigma] \tag{5.25}$$

对抗拉和抗压强度相等的材料(如碳钢),只要绝对值最大的正应力不超过许用应力即可。对抗拉和抗压强度不等的材料(如铸铁),则拉和压的最大应力都应不超过各自的许用应力。

例 5.8　某简支梁的载荷和截面尺寸如图 5.32 所示,材料许用应力 $[\sigma]=160\,\mathrm{MPa}$。试:(1)按正应力强度条件选择圆形和矩形两种截面尺寸;(2)比较两种截面的 W_z/A,并说明哪种截面好。

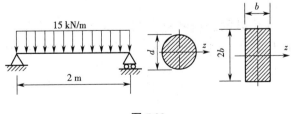

图 5.32

解　(1)作弯矩图,如图 5.33 所示

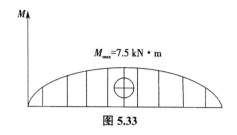

图 5.33

（2）按正应力强度条件选择圆形截面尺寸。

由强度条件 $\sigma_{max} = \dfrac{M_{max}}{W_z} \leqslant [\sigma]$ 可知：

$$W_z = \frac{\pi d^3}{32} \geqslant \frac{M_{max}}{[\sigma]}$$

$$d \geqslant \sqrt[3]{\frac{32 M_{max}}{\pi [\sigma]}} = \sqrt[3]{\frac{32 \times 7\,500}{3.14 \times 160 \times 10^6}} = 0.078\ \text{m} = 78\ \text{mm}$$

（3）按正应力强度条件选择矩形截面尺寸。

由强度条件 $\sigma_{max} = \dfrac{M_{max}}{W_z} \leqslant [\sigma]$ 可知：

$$W_z = \frac{b(2b)^2}{6} \geqslant \frac{M_{max}}{[\sigma]}$$

$$b \geqslant \sqrt[3]{\frac{3 M_{max}}{2[\sigma]}} = \sqrt[3]{\frac{3 \times 7\,500}{2 \times 160 \times 10^6}} = 0.041\ \text{m} = 41\ \text{mm}$$

（4）比较。

圆形截面：

$$\frac{W_z}{A} = \frac{\dfrac{\pi d^3}{32}}{\dfrac{\pi d^2}{4}} = \frac{d}{8} = 9.75\ \text{mm}$$

矩形截面：

$$\frac{W_z}{A} = \frac{\dfrac{b(2b)^2}{6}}{b \cdot 2b} = \frac{b}{3} = 13.67\ \text{mm}$$

所以，矩形截面更好。

例 5.9　T 形截面铸铁梁的载荷和截面尺寸如图 5.34 所示，铸铁的抗拉许用应力 $[\sigma_t]=60\ \text{MPa}$，抗压许用应力 $[\sigma_c]=120\ \text{MPa}$。已知截面对中性轴的惯性矩 $I_z=2.9 \times 10^{-5}\ \text{m}^4$。试校核梁的强度。

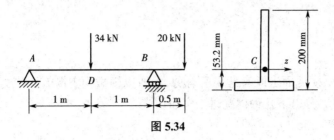

图 5.34

解　（1）由静力平衡方程求出梁的支座反力为

$$F_{Ay} = 12 \text{ kN}(\uparrow) \quad F_{By} = 42 \text{ kN}(\uparrow)$$

（2）作弯矩图，如图 5.35 所示。最大正弯矩在截面 D 处，M_D=12 kN·m。最大负弯矩在截面 B 处，M_B=-10 kN·m。

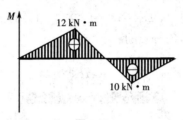

图 5.35

T 形截面对中性轴不对称，同一截面上的最大拉应力和压应力并不相等。计算最大应力时，应分别将受拉与受压最大高度代入式（5.19）。

在截面 D 上，弯矩是正的，最大拉应力发生于下边缘各点，最大压应力发生于上边缘各点，即

$$\sigma_{t,max} = \frac{12 \times 10^3 \times 53.2 \times 10^{-3}}{2.9 \times 10^{-5}} = 22 \text{ MPa}$$

$$\sigma_{c,max} = \frac{12 \times 10^3 \times (200 - 53.2) \times 10^{-3}}{2.9 \times 10^{-5}} = 60.7 \text{ MPa}$$

在截面 B 上，弯矩是负的，最大拉应力发生于上边缘各点，最大压应力发生于下边缘各点，即

$$\sigma_{t,max} = \frac{10 \times 10^3 \times (200 - 53.2) \times 10^{-3}}{2.9 \times 10^{-5}} = 50.6 \text{ MPa}$$

$$\sigma_{c,max} = \frac{10 \times 10^3 \times 53.2 \times 10^{-3}}{2.9 \times 10^{-5}} = 18.3 \text{ MPa}$$

最大拉应力在 B 截面上边缘，最大压应力在 D 截面上边缘，且

$$\sigma_{t,max} < [\sigma_t] \quad \sigma_{c,max} < [\sigma_c]$$

所以，铸铁梁的强度满足要求。

5.3.4 弯曲切应力

横力弯曲的梁横截面上既有弯矩又有剪力,所以横截面上既有正应力又有切应力。现在按梁截面的形状,分以下几种情况讨论弯曲切应力。

1. 矩形截面梁

在如图 5.36(a)所示矩形截面梁的任意截面上,剪力 F_S 皆与截面的对称轴 y 重合(图 5.36(b))。关于横截面上切应力的分布规律,作以下两个假设:①横截面上各点的切应力的方向都平行于剪力;②切应力沿截面宽度均匀分布。在截面高度 h 大于宽度 b 的情况下,以上述假设为基础得到的解与精确解相比有足够的准确度。按照这两个假设,在距中性轴为 y 的横线 p_1q_1 上,各点的切应力都相等,且都平行。再由切应力互等定理可知,在沿 p_1q_1 切出的平行于中性层的 pp_1 平面上,也必然有与 τ 大小相等的 τ'(图 5.36(b)中未画,画在图 5.37 中),而且沿宽度 b 也是均匀分布的。

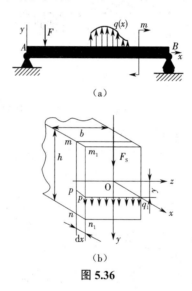

(a)

(b)

图 5.36

如以横截面 m—n 和 m_1—n_1 从图 5.36(a)所示梁中取出长为 dx 的一段(图 5.37(a)),设截面 m—n 和 m_1—n_1 上的弯矩分别为 M 和 $M+dM$,再以平行于中性层且距中性层为 y 的 pp_1 平面从这一段梁中截出一部分 pp_1n_1n,则在这一截出部分的左侧面 pn 上,作用着因弯矩 M 引起的正应力;而在右侧面 p_1n_1 上,作用着因弯矩 $M+dM$ 引起的正应力;在顶面 pp_1 上,作用着切应力 τ'。以上三种应力(即两侧正应力和顶端切应力 τ')都平行于 x 轴(图 5.37(a))。在右侧面 p_1n_1 上(图 5.37(b)),由微内力 σdA 组成的内力系的合力是

$$F_{N2} = \int_{A_1} \sigma dA \qquad (5.26)$$

式中:A_1 为侧面 p_1n_1 的面积。

正应力应按式(5.19)计算,于是

$$F_{N2} = \int_{A_1} \sigma dA = \int_{A_1} \frac{(M+dM)}{I_z} y_1 dA = \frac{M+dM}{I_z} \int_{A_1} y_1 dA = \frac{M+dM}{I_z} S_z^* \qquad (5.27)$$

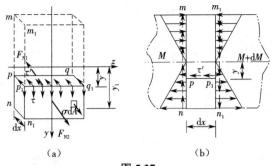

图 5.37

式中
$$S_z^* = \int_{A_1} y_1 \mathrm{d}A \qquad\qquad (5.28)$$

是横截面的部分面积 A_1 对中性轴的静矩,也就是距中性轴为 y 的横线 p_1q_1 以外的面积对中性轴的静矩。同理,可以求得左侧面 np 上的内力系合力为

$$F_{N1} = \frac{M}{I_z} S_z^*$$

在顶面 pp_1 上,与顶面相切的内力系的合力是

$$\mathrm{d}F_S' = \tau'b\mathrm{d}x$$

F_{N2},F_{N1} 和 $\mathrm{d}F_S'$ 的方向都平行于 x 轴,应满足平衡方程 $\sum F_x = 0$,即

$$F_{N2} - F_{N1} - \mathrm{d}F_S' = 0 \qquad\qquad (5.29)$$

将 F_{N2},F_{N1} 和 $\mathrm{d}F_S'$ 的表达式代入式(5.29),得

$$\frac{(M+\mathrm{d}M)}{I_z} S_z^* - \frac{M}{I_z} S_z^* - \tau'b\mathrm{d}x = 0 \qquad\qquad (5.30)$$

简化后得到

$$\tau' = \frac{\mathrm{d}M}{\mathrm{d}x} \frac{S_z^*}{I_z b} \qquad\qquad (5.31)$$

由于 $\dfrac{\mathrm{d}M}{\mathrm{d}x} = F_S$,于是式(5.31)化为

$$\tau' = \frac{F_S S_z^*}{I_z b} \qquad\qquad (5.32)$$

由切应力互等定理得横截面的横线 p_1q_1 上的切应力为

$$\tau = \frac{F_S S_z^*}{I_z b} \qquad\qquad (5.33)$$

式中　F_S——横截面上的切力;

　　　b——截面宽度;

　　　I_z——整个截面对中性轴的惯性矩;

　　　S_z^*——截面上距中性轴为 y 的横线以外部分面积对中性轴的静矩。

式(5.33)就是矩形截面梁弯曲切应力的计算公式。

对于矩形截面(图 5.38),可取 $dA = bdy$,于是式(5.28)化为

$$S_z^* = \int_{A_1} y_1 dA = \int_y^{\frac{h}{2}} by_1 dy_1 = \frac{b}{2}\left(\frac{h^2}{4} - y^2\right) \tag{5.34}$$

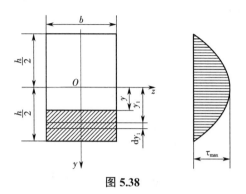

图 5.38

这样对应矩形截面的切应力就可以写为

$$\tau = \frac{F_S}{2I_z}\left(\frac{h^2}{4} - y^2\right) \tag{5.35}$$

由式(5.35)可知沿截面高度切应力 τ 按抛物线规律变化。当 $y = \pm\frac{h}{2}$ 时,$\tau = 0$,这表明在截面上、下边缘的各点处,切应力等于零。随着离中性轴的距离 y 的减小,切应力逐渐增大。当 $y = 0$ 时,τ 为最大值,即最大切应力发生于中性轴上,且

$$\tau_{max} = \frac{F_S h^2}{8I_z} \tag{5.36}$$

将 $I_z = \frac{bh^3}{12}$ 代入式(5.36),即可得出

$$\tau_{max} = \frac{3}{2}\frac{F_S}{bh} \tag{5.37}$$

可见矩形截面梁的最大切应力为平均切应力 $\frac{F_S}{bh}$ 的 1.5 倍。

2. 圆形截面梁

当梁的横截面为圆形时,不能再假设截面上各点的切应力都平行于剪力。按照前面的证明,在截面边缘上各点的切应力与圆周相切。在圆截面里一弦以及它下面部分的切应力作用线都会交于一点,如图 5.39(a)中的 A 点。

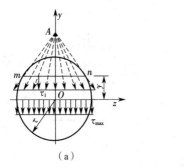 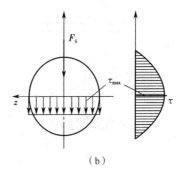

$$\text{（a）}\qquad\qquad\qquad\qquad\qquad\text{（b）}$$

$$\text{图 5.39}$$

假设弦上各点切应力的铅垂分量相等,这就与对矩形截面所作的假设完全相同,在中性轴上,剪应力为最大值 $\tau_{\max}$,且各点的切应力就是该点的总切应力。对中性轴上的点, $b=2R$,则

$$S_z^* = \frac{\pi R^2}{2}\frac{4R}{3\pi} = \frac{2R^3}{3} \tag{5.38}$$

将 $I_z = \dfrac{\pi R^4}{4}$ 以及 $b=2R$ 和式（5.38）代入式（5.33）中,得

$$\tau_{\max} = \frac{4}{3}\frac{F_{\mathrm{S}}}{\pi R^2} \tag{5.39}$$

式中: $\dfrac{F_{\mathrm{S}}}{\pi R^2}$ 是梁截面上的平均切应力,可见最大切应力是平均切应力的 $\dfrac{4}{3}$ 倍。

3. 工字形截面梁

首先讨论工字形截面梁腹板上的切应力。腹板截面是一个狭长矩形（图5.40（a））,关于矩形截面上切应力分布的两个假设仍然适用。用相同的方法,必然导出相同的应力计算公式,只要确定其中的参数就可以求得切应力。工字形腹板中

$$S_z^* = B\left(\frac{h}{2}-\frac{h_0}{2}\right)\left[\frac{h_0}{2}+\frac{1}{2}\left(\frac{h}{2}-\frac{h_0}{2}\right)\right]+b_0\left(\frac{h_0}{2}-y\right)\left[y+\frac{1}{2}\left(\frac{h_0}{2}-y\right)\right]$$
$$= \frac{B}{8}\left(h^2-h_0^2\right)+\frac{b_0}{2}\left(\frac{h_0^2}{4}-y^2\right) \tag{5.40}$$

于是

$$\tau = \frac{F_{\mathrm{S}}}{I_z b_0}\left[\frac{B}{8}\left(h^2-h_0^2\right)+\frac{b_0}{2}\left(\frac{h_0^2}{4}-y^2\right)\right] \tag{5.41}$$

可见,沿腹板高度,切应力也是按抛物线规律分布的,如图5.40（b）所示。以 $y=0$ 和 $y=\pm\dfrac{h_0}{2}$ 分别代入式（5.41）,求出腹板上的最大和最小切应力分别是

$$\tau_{\max} = \frac{F_{\mathrm{S}}}{I_z b_0}\left[\frac{Bh^2}{8}-\left(B-b_0\right)\frac{h_0^2}{8}\right] \tag{5.42}$$

$$\tau_{\min} = \frac{F_{\mathrm{S}}}{I_z b_0}\left[\frac{Bh^2}{8}-\frac{Bh_0^2}{8}\right] \tag{5.43}$$

图 5.40

从式(5.42)和式(5.43)可以看出,因为腹板的宽度 b_0 远小于翼缘的宽度 B,τ_{max} 与 τ_{min} 实际上相差不大,所以可以认为在腹板上切应力大致是均匀分布的。若以图 5.40(b)中应力分布图的面积乘以腹板厚度,即可得到腹板上的总切力 F_{S1}。计算结果表明,F_{S1} = $(0.95 \sim 0.97)F_S$。可见,横截面上的剪力 F_S 的绝大部分为腹板所承担。既然腹板几乎负担了截面上的全部剪力,而且腹板上的切应力又接近于均匀分布,这样就可用腹板的截面面积除剪力 F_S,近似地得出腹板内的切应力为

$$\tau = \frac{F_S}{b_0 h_0} \tag{5.44}$$

在翼缘上,也应有平行于剪力的切应力分量,分布情况比较复杂,但数量很小,并无实际意义,所以通常并不计算。此外,翼缘上还有平行于翼缘宽度 B 的切应力分量。它与腹板内的切应力比较,一般来说也是次要的。工字梁翼缘的全部面积都在离中性轴最远处,每一点的正应力都比较大,所以翼缘负担了截面上的大部分弯矩。

5.3.5　提高弯曲强度的措施

设计梁的主要依据是弯曲正应力的强度条件,即

$$\sigma_{max} = \frac{M_{max}}{W} \leqslant [\sigma] \tag{5.45}$$

提高梁的弯曲强度的措施,应从两方面考虑:一方面是合理安排支座和布置载荷,以降低 M_{max} 的值;另一方面则是合理设计截面和放置截面,以提高 W 的值,使材料得到充分利用。

1. 合理安排支座和布置载荷

以均布载荷下的简支梁为例。

按如图 5.41(a)所放置支座,梁的最大弯矩为

$$M_{max} = \frac{ql^2}{8} = 0.125ql^2 \tag{5.46}$$

若将两端支座各向里移动 0.2l,如图 5.41(b)所示,则梁的最大弯矩减小为

$$M_{max} = \frac{ql^2}{40} = 0.025ql^2 \tag{5.47}$$

合理的安排支座,能够降低梁内的最大弯矩,从而提高梁的强度。

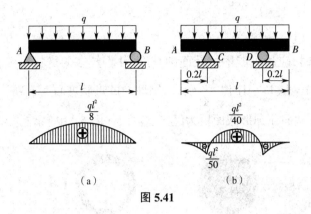

（a） （b）

图 5.41

如图 5.42（a）所示的简支梁,集中力 F 作用于梁的中点,其最大弯矩 $M_{max}=\dfrac{1}{4}Fl$,若把梁中点的集中力 F 分散成如图 5.34（c）所示的两个集中力,则最大弯矩 $M_{max}=\dfrac{1}{8}Fl$。在条件允许时,可以将集中力分散成较小的集中力或者改为分布载荷,也能降低最大弯矩,提高梁的承载能力。

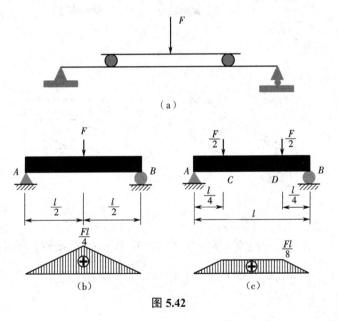

（a）

（b） （c）

图 5.42

2. 合理设计截面和放置截面

截面的形状不同,其抗弯截面系数 W_z 也就不同。

对矩形截面:

$$\frac{W_z}{A}=\frac{1}{6}\frac{bh^2}{bh}=0.167h \tag{5.48}$$

对圆形截面:

$$\frac{W_z}{A} = \frac{\dfrac{\pi d^3}{32}}{\dfrac{\pi d^2}{4}} = 0.125d \tag{5.49}$$

当面积 A 一定时,应尽可能增加截面的高度,并将较多的材料布置在远离中性轴的位置,以提高抗弯截面模量 W。比值 $\dfrac{W_z}{A}$ 较大,则截面的形状就较为经济、合理。工字钢或槽钢比矩形截面、矩形截面比圆形截面更为经济、合理,如图 5.43 所示。

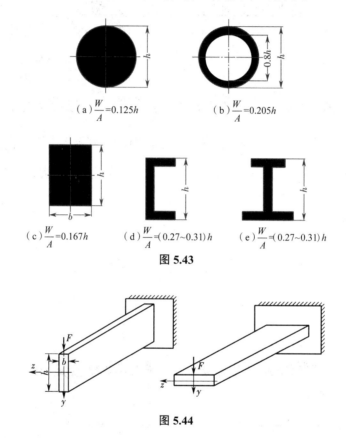

图 **5.43**

图 **5.44**

如图 5.44 所示,对于截面高度 h 大于宽度 b 的矩形截面梁,抵抗铅垂平面内的弯曲变形时,将截面竖放,$W_{z1} = \dfrac{bh^2}{6}$,将截面平放,则 $W_{z2} = \dfrac{b^2 h}{6}$。两者之比是

$$\frac{W_{z1}}{W_{z2}} = \frac{h}{b} > 1 \tag{5.50}$$

所以,截面竖放比平放抗弯能力强,更为合理、经济。

3. 等强度梁概念

随着截面的位置变化,梁在各截面上的弯矩也在变化。在弯矩较大处采用较大截面,而在弯矩较小处采用较小截面。这种截面尺寸沿轴线变化的梁,称为变截面梁。采用变截面梁的目的是节省材料、减轻自重。变截面梁的正应力计算仍可近似地用等截面梁的公式。

如变截面梁各横截面上的最大正应力都相等,且都等于许用应力,按此要求设计的梁就是等强度梁。设梁在任一截面上的弯矩为 $M(x)$,而截面的抗弯截面系数为 $W(x)$。根据上述等强度梁的要求应有

$$\sigma_{max} = \frac{M_{max}}{W_{max}} = [\sigma] \tag{5.51}$$

或者写成

$$W(x) = \frac{M(x)}{[\sigma]} \tag{5.52}$$

这就是等强度梁的 $W(x)$ 沿梁轴线变化的规律。

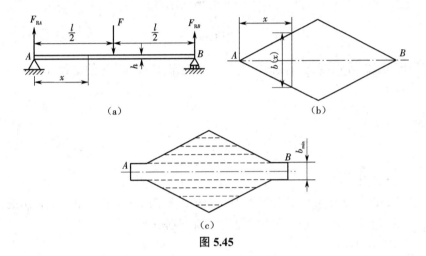

图 5.45

如图 5.45(a)所示在集中力 F 作用下的简支梁为等强度梁,截面为矩形,且设截面高度 h 为常数,宽度 b 为 x 的函数,有 $b = b(x)\left(0 \le x \le \frac{l}{2}\right)$,则由式(5.52),有

$$W(x) = \frac{b(x)h^2}{6} = \frac{M(x)}{[\sigma]} = \frac{\frac{F}{2}x}{[\sigma]} \tag{5.53}$$

于是

$$b(x) = \frac{3F}{[\sigma]h^2}x \tag{5.54}$$

截面宽度 $b(x)$ 是 x 的一次函数,如图 5.45(b)所示。因为载荷对称于跨度中点,因而截面形状也对称于跨度中点对称。按照式(5.54)表示的关系,在梁的左端,$x = 0$,$b(x) = 0$,即截面宽度等于零。根据对称性,梁右端截面的宽度也为零。这显然不能满足剪切强度要求。因而要按剪切强度条件改变支座附近截面的宽度。设所需要的最小截面宽度为 b_{min}(图 5.45(c)),根据切应力强度条件

$$\tau_{max} = \frac{3}{2}\frac{F_{Smax}}{A} = \frac{3}{2} \times \frac{\frac{F}{2}}{b_{min}h} = [\tau] \tag{5.55}$$

求得

$$b_{\min} = \frac{3F}{4h[\tau]} \qquad\qquad (5.56)$$

若设想把这一等强度梁分成若干窄条,然后叠置起来,并使其略微拱起,这就成了汽车以及其他车辆上经常使用的叠板弹簧车厢的弹性支承物,如图 5.46 所示。

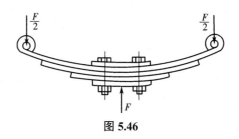

图 5.46

若上述矩形截面等强度梁的截面宽度 b 为常数,而高度 h 为 x 的函数,即 $h = h(x)$,可以求得

$$h(x) = \sqrt{\frac{3Fx}{b[\sigma]}} \qquad\qquad (5.57)$$

$$h_{\min} = \frac{3F}{4b[\tau]} \qquad\qquad (5.58)$$

按式(5.57)和式(5.58)所确定的梁的形状如图 5.47(a)所示。如把梁制作成如图 5.47(b)所示的形式,就成为在厂房建筑中广泛使用的"鱼腹梁"。

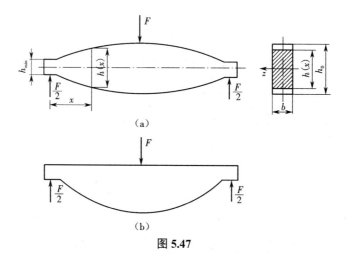

图 5.47

用式(5.48),也可求得圆截面等强度梁的截面直径沿轴线的变化规律。但考虑到加工的方便及结构上的要求,常用阶形状的变截面梁(阶梯轴)来代替理论上的等强度梁,如图 5.48 所示。

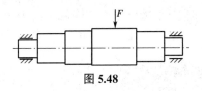

图 5.48

5.4　弯曲变形

5.4.1　工程中的弯曲变形问题

前面讨论了梁的强度计算。工程中对某些受弯杆件除有强度要求外,往往还有刚度要求,即要求它变形不能过大。以吊车梁为例(图 5.49),当其变形过大时,将造成梁上的小车行走困难,出现爬坡现象,还会引起较严重的振动。再以车床主轴为例(图 5.50),若其变形过大,将影响齿轮的啮合和轴与轴承的配合,使磨损不均,引发噪声,缩短寿命,还会影响加工精度。所以,若构件的变形超过允许值,即使仍然是弹性的,也看作已经失效。

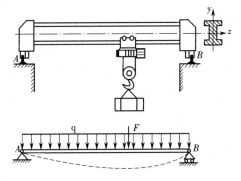

图 5.49

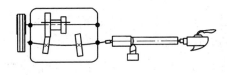

图 5.50

工程中虽然经常限制弯曲变形,但在另一些情况下,通常又利用弯曲变形达到某种要求。例如,支撑车辆的叠板弹簧(图 5.51)应有较大的变形,才可以更好地起缓冲减振作用。扭力扳手又称扭力计(图 5.52)、扭力螺钉旋具,它是依据梁的弯曲原理、扭杆的弯曲原理和螺旋弹簧的压缩原理而设计的,能测量出作用在螺母上的力矩大小。扭力扳手(图 5.53)的扭杆要有明显的弯曲变形,才可以使测得的力矩更为精确。

 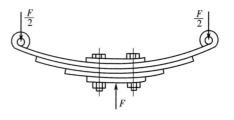

图 5.51

图 5.52

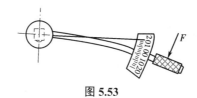

图 5.53

弯曲变形计算除用于解决弯曲刚度问题外,还用于求解超静定问题。

5.4.2　梁的挠曲线近似微分方程及其积分

1. 度量梁变形的两个基本位移量

1)挠度

讨论弯曲变形时,以变形前的梁轴线为 x 轴,垂直向上的轴为 w 轴(图 5.54), x-w 平面为梁的纵向对称面。在对称弯曲的情况下,变形后梁的轴线将成为 x-w 平面内的一条曲线,称为挠曲线。挠曲线上横坐标为 x 的任意点的纵坐标,用 w 表示,它代表坐标为 x 的横截面的形心沿 w 方向的位移,称为挠度。这样挠曲线的方程可以写成

$$w = f(x) \tag{5.59}$$

2)转角

弯曲变形中,梁的横截面对其原来位置转过的角度 θ,称为截面转角。根据平面假设,弯曲变形前垂直于轴线(x 轴)的横截面,变形后仍然垂直于挠曲线。

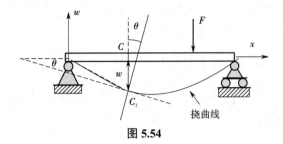

图 5.54

所以,截面转角 θ 就是 w 轴与挠曲线法线的夹角。它等于挠曲线的倾角,即等于 x 轴与挠曲线的夹角。故有

$$\tan\theta = \frac{\mathrm{d}w}{\mathrm{d}x}$$

$$\theta = \arctan\left(\frac{\mathrm{d}w}{\mathrm{d}x}\right) \tag{5.60}$$

挠度与转角是度量弯曲变形的两个基本量。在如图 5.54 所示的坐标系中,向上的挠度和逆时针方向的转角为正,反之为负。

2. 挠曲线近似微分方程

在纯弯曲情况下,弯矩与曲率间的关系由式(5.18)给出,即

$$\frac{1}{\rho(x)} = \frac{M(x)}{EI_z}$$

在数学上曲率半径 ρ 的表达形式为

$$\frac{1}{\rho(x)} = \frac{\pm\dfrac{\mathrm{d}^2 w}{\mathrm{d}x^2}}{\left[1 + \left(\dfrac{\mathrm{d}w}{\mathrm{d}x}\right)^2\right]^{\frac{3}{2}}}$$

将上面两式消去 $\dfrac{1}{\rho}$,得

$$\frac{M(x)}{EI_z} = \frac{\pm\dfrac{\mathrm{d}^2 w}{\mathrm{d}x^2}}{\left[1 + \left(\dfrac{\mathrm{d}w}{\mathrm{d}x}\right)^2\right]^{\frac{3}{2}}}$$

考虑到曲线是小变形,则

$$\left(\frac{\mathrm{d}w}{\mathrm{d}x}\right)^2 \approx 0$$

$$\pm\frac{\mathrm{d}^2 w}{\mathrm{d}x^2} = \frac{M(x)}{EI_Z}$$

这就是挠曲线的近似微分方程。

当坐标轴 w 以向上为正时,挠曲线近似微分方程为

$$\frac{\mathrm{d}^2 w}{\mathrm{d}x^2} = \frac{M(x)}{EI_z} \tag{5.61}$$

3. 用积分法求挠曲线方程(弹性曲线)

1)微分方程的积分

将挠曲线近似微分方程(5.61)的两边乘以 $\mathrm{d}x$,积分可得转角方程为

$$\theta = \frac{\mathrm{d}w}{\mathrm{d}x} = \int \frac{M(x)}{EI_z} \mathrm{d}x + C \tag{5.62}$$

再乘以 $\mathrm{d}x$,积分得挠曲线的方程

$$w = \int \left[\int \frac{M(x)}{EI} \mathrm{d}x \right] \mathrm{d}x + Cx + D \tag{5.63}$$

式中:C,D 为积分常数,根据连续性条件和边界条件,就可确定积分常数。等截面梁的 EI 为常量,积分时可提到积分号外。

2)确定积分常数

在挠曲线的某些点上,挠度或转角有时是已知的。例如,在固定端,挠度和转角都等于零;在铰支座上,挠度等于零。又如,在弯曲变形的对称点上,转角应等于零。这类条件统称为边界条件。此外,挠曲线应该是一条连续光滑的曲线,不应该是不连续的和不光滑的情况。亦即在挠曲线的任意点上,有唯一确定的挠度和转角。这就是连续性条件。如图 5.55 (a)所示是正确的,而如图 5.47(b)和(c)所示是错误的。

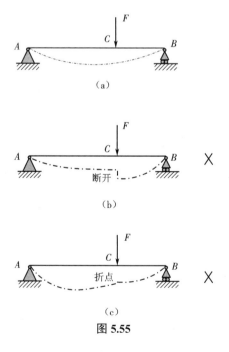

图 5.55

例 5.10　写出如图 5.56 所示梁的边界条件与连续性条件。

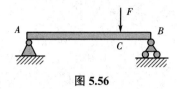

图 5.56

解　边界条件：$w_A = 0$　　$w_B = 0$

连续性条件：$w_C^{左} = w_C^{右}$　　$\theta_C^{左} = \theta_C^{右}$

若将支座 B 换为刚度系数为 k 的弹簧，如图 5.57 所示，则

边界条件：$w_A = 0$　　$w_B = -\dfrac{F_{By}}{K}$

连续性条件：$w_C^{左} = w_C^{右}$　　$\theta_C^{左} = \theta_C^{右}$

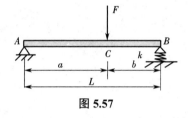

图 5.57

若将支座 B 改为拉杆支撑，如图 5.58 所示，则

边界条件：$w_A = 0$　　$w_B = -\Delta l_{BD} = -\dfrac{F_{By}h}{EA}$

连续性条件：$w_C^{左} = w_C^{右}$　　$\theta_C^{左} = \theta_C^{右}$

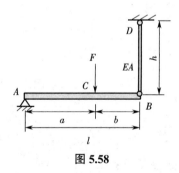

图 5.58

对于如图 5.59 所示悬臂梁，有

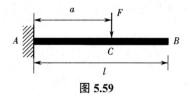

图 5.59

边界条件：$w_A = 0$　　$\theta_A = 0$

连续性条件：$w_C^{左} = w_C^{右}$ $\theta_C^{左} = \theta_C^{右}$

例 5.11   一简支梁受力如图 5.60 所示，求 $w(x)$、$\theta(x)$、$w_{\max}$。

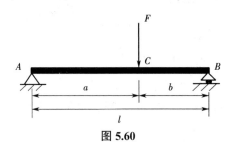

图 5.60

解   （1）求支座反力。

$$F_A = \frac{Fb}{l}, \quad F_B = \frac{Fa}{l}$$

（2）分段列出梁的弯矩方程。

AC 段 $(0 \le x \le a)$：

$$M_1(x) = F_A x = \frac{Fb}{l}x$$

$$EIw_1'' = \frac{Fb}{l}x$$

$$EIw_1' = EI\theta_1 = \frac{Fb}{2l}x^2 + C_1$$

$$EIw_1 = \frac{Fb}{6l}x^3 + C_1 x + D_1$$

CB 段 $(a \le x \le l)$：

$$M_2(x) = \frac{Fb}{l}x - F(x-a)$$

$$EIw_2'' = \frac{Fb}{l}x - F(x-a)$$

$$EIw_2' = EI\theta_2 = \frac{Fb}{2l}x^2 - \frac{F}{2}(x-a)^2 + C_2$$

$$EIw_2 = \frac{Fb}{6l}x^3 - \frac{F}{6}(x-a)^3 + C_2 x + D_2$$

（3）确定积分常数。

由边界条件 $x=0$，$w_A=0$ 和 $x=L$，$w_B=0$，

连续性条件 $x=a$，$w_1 = w_2$，$\theta_1 = \theta_2$，

解得

$$C_1 = C_2 = -\frac{Fb}{6l}(l^2 - b^2)$$

$$D_1 = D_2 = 0$$

则简支梁的转角方程和挠度方程如下。

AC 段 $(0 \leqslant x \leqslant a)$：

$$\theta_1(x) = \frac{Fb}{6lEI}\left[3x^2 - \left(l^2 - b^2\right)\right]$$

$$w_1(x) = \frac{-Fb}{6lEI}\left[-x^3 + \left(l^2 - b^2\right)x\right]$$

CB 段 $(a \leqslant x \leqslant L)$：

$$\theta_2(x) = \frac{Fb}{6lEI}\left[3x^2 - \left(l^2 - b^2\right)\right] - \frac{F(x-a)^2}{2EI}$$

$$w_2(x) = \frac{-Fb}{6lEI}\left[-x^3 + \left(l^2 - b^2\right)x\right] - \frac{F}{6EI}(x-a)^3$$

（4）求 w_{max}。

当 $\dfrac{\mathrm{d}w}{\mathrm{d}x} = \theta = 0$　时，w 为极值。

若 $a > b$，则

$$\theta_A = -\frac{Fb\left(l^2 - b^2\right)}{6lEI} < 0$$

$$\theta_C = \theta_1\mid_{x=a} = \frac{Fab\left(a-b\right)}{3lEI} > 0$$

所以，$\theta=0$ 在 AC 段。由

$$\theta_1(x) = \frac{Fb}{6lEI}\left[3x^2 - \left(l^2 - b^2\right)\right] = 0$$

解得

$$x = \sqrt{\frac{l^2 - b^2}{3}}$$

代入 w_1 得

$$w_{max} = -\frac{Fb\left(l^2 - b^2\right)^{\frac{3}{2}}}{9\sqrt{3}lEI}$$

若 $a = b = \dfrac{l}{2}$，则

$$w_{max} = w\mid_{x=\frac{L}{2}} = -\frac{Fl^3}{48EI}$$

在简支梁情况下，不管 F 作用在何处（支撑除外），可用中间挠度代替最大挠度，其误差不大，不超过 3%。

5.4.3　按叠加原理求梁的挠度与转角

积分法的优点是可以求得转角和挠度的普遍方程。但当只需确定某些特定截面的转角和挠度，而并不需求出转角和挠度的普遍方程时，积分法就显得过于烦琐。为此，将梁在某

些简单载荷作用下的变形列入表 5.2 中,以便直接查用;而且利用此表和叠加法,还可比较方便地解决一些弯曲变形问题。

叠加分为载荷叠加和结构叠加。

1. 载荷叠加

多个载荷同时作用于结构而引起的变形等于每个载荷单独作用于结构而引起的变形的代数和,即

$$\theta(F_1, F_2, \cdots, F_n) = \theta_1(F_1) + \theta_2(F_2) + \cdots + \theta_n(F_n)$$
$$w(F_1, F_2, \cdots, F_n) = w_1(F_1) + w_2(F_2) + \cdots + w_n(F_n)$$

例如图 5.61 所示梁所受载荷的变形可以由如图 5.62(a)和(b)所示梁所受简单载荷的变形叠加而成。

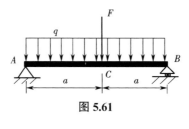

图 5.61

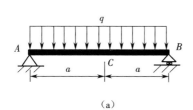

(a)

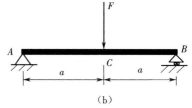

(b)

图 5.62

根据前面的积分法,可以得到由简单载荷引起的变形,见表 5.2。

表 5.2 梁在简单载荷作用下的变形

序号	梁的简图	挠曲线方程	端截面转角	最大挠度
1		$w = -\dfrac{mx^2}{2EI}$	$\theta_B = -\dfrac{ml}{EI}$	$w_B = -\dfrac{ml^2}{2EI}$
2		$w = -\dfrac{Fx^2}{6EI}(3l - x)$	$\theta_B = -\dfrac{Fl^2}{2EI}$	$w_B = -\dfrac{Fl^3}{3EI}$
3		$w = -\dfrac{qx^2}{24EI}(x^2 - 4lx + 6l^2)$	$\theta_B = -\dfrac{ql^3}{6EI}$	$w_B = -\dfrac{ql^4}{8EI}$

续表

序号	梁的简图	挠曲线方程	端截面转角	最大挠度
4		$w = -\dfrac{mx}{6EIl}(l^2 - x^2)$	$\theta_A = -\dfrac{ml}{6EI}$ $\theta_B = \dfrac{ml}{3EI}$	$x = \dfrac{l}{\sqrt{3}},\ w_{\max} = -\dfrac{ml^2}{9\sqrt{3}EI}$ $x = \dfrac{l}{2},\ w_{\frac{l}{2}} = -\dfrac{ml^2}{16EI}$
5		$w = \dfrac{-Fx}{48EI}(3l^2 - 4x^2)$ $\left(0 \leqslant x \leqslant \dfrac{l}{2}\right)$	$\theta_A = -\theta_B = -\dfrac{Fl^2}{16EI}$	$w = -\dfrac{Fl^3}{48EI}$
6		$w = \dfrac{-Fbx}{6EIl}(l^2 - x^2 - b^2)$ $(0 \leqslant x \leqslant a)$ $w = \dfrac{-Fb}{6EIl}[l/b(x-a)^3$ $+(l^2 - b^2)x - x^3]$ $(a \leqslant x \leqslant l)$	$\theta_A = -\dfrac{Fab\,(l+b)}{6EIl}$ $\theta_B = \dfrac{Fab\,(l+a)}{6EIl}$	设 $a > b$，在 $x = \sqrt{(l^2 - b^2)/3}$， $w_{\max} = -\dfrac{Fb(l^2 - b^2)^{(3/2)}}{9\sqrt{3}EIl}$ 在 $x = l/2$， $w_{(l/2)} = -\dfrac{Fb(3l^2 - 4b^2)}{48EI}$
7		$w = \dfrac{-qx}{24EI}(l^3 - 2lx^2 + x^3)$	$\theta_A = -\theta_B = -\dfrac{ql^3}{24EI}$	$w = -\dfrac{5ql^4}{384EI}$

2. 结构形式叠加（逐段刚化法）

将梁的挠曲线分成几段,首先分别计算各段梁的变形在所求位移处引起的位移（挠度和转角）,然后计算其总和,即得所求的位移。在分析各段梁的变形在所求位移处引起的位移时,除所研究的梁段发生变形外,其余各段梁均视为刚体。

例如图 5.63 所示,求点 C 处的挠度,计算时需用结构形式叠加法计算,计算过程如下。

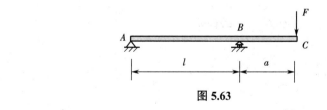

图 5.63

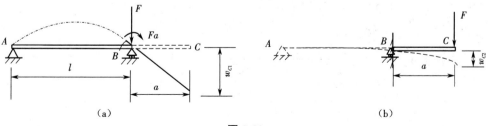

（a）　　　　　　　　　　　　　　　（b）

图 5.64

（1）考虑 AB 段，将 BC 段看作刚体（图 5.64（a）），力平移到支座 B 上，F 作用在支座上，不产生变形，Fa 使 AB 梁产生向上凸的变形。查表得

$$\theta_B = -\frac{Fal}{3EI}$$

$$w_{C_1} = \theta_B a = -\frac{Fal}{3EI} a = -\frac{Fa^2 l}{3EI}$$

（2）考虑 BC 段，将 AB 段看作刚体（图 5.64（b）），则

$$w_{C_2} = -\frac{Fa^3}{3EI}$$

（3）叠加，则

$$w_C = w_{C_1} + w_{C_2} = \frac{-Fa^2 l}{3EI} + \frac{-Fa^3}{3EI}(\downarrow)$$

例 5.12　　如图 5.65 所示阶梯形悬臂梁，已知 BC 段刚度为 EI，AB 段刚度为 $2EI$，自由端 C 处作用集中力 F。试求 C 处挠度和转角。

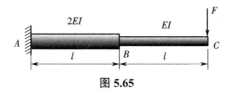

图 5.65

解　（1）刚化 BC（图 5.66）。

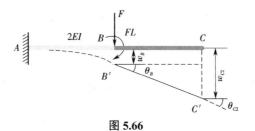

图 5.66

$$w_B = -\frac{Fl^3}{6EI} - \frac{Fl^3}{4EI} = -\frac{5Fl^3}{12EI}$$

$$\theta_B = -\frac{Fl^2}{4EI} - \frac{Fl^2}{2EI} = -\frac{3Fl^2}{4EI}$$

$$\theta_{C_2} = \theta_B = -\frac{3Fl^2}{4EI}$$

$$w_{C_2} = w_B + \theta_B l = -\frac{5Fl^3}{12EI} - \frac{3Fl^3}{4EI} = -\frac{7Fl^3}{6EI}$$

（2）刚化 AB（图 5.67）。

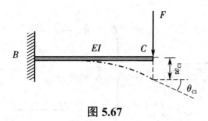

图 5.67

$$w_{C_1} = -\frac{Fl^3}{3EI}$$

$$\theta_{C_1} = -\frac{Fl^2}{2EI}$$

（3）叠加，则

$$w_C = w_{C_1} + w_{C_2} = -\frac{Fl^3}{3EI} - \frac{7Fl^3}{6EI} = -\frac{3Fl^3}{2EI}$$

$$\theta_C = \theta_{C_1} + \theta_{C_2} = -\frac{Fl^2}{2EI} - \frac{3Fl^2}{4EI} = -\frac{5Fl^2}{4EI}$$

5.4.4　梁的刚度校核

求得梁的挠度和转角后，根据需要，限制最大挠度 $|w|_{max}$ 和最大转角 $|\theta|_{max}$（或特定截面的挠度和转角）不超过某一规定数值，就得刚度条件如下：

$$\begin{cases}|w|_{max} \leqslant [w] \\ |\theta|_{max} \leqslant [\theta]\end{cases} \tag{5.64}$$

式中：$[w]$ 和 $[\theta]$ 为规定的许可挠度和转角。

例 5.13　如图 5.68 所示空心圆杆，内外径分别为 d=40 mm、D=80 mm，杆的 E=210 GPa，工程规定 C 点的 $[w]$=0.000 01 m，B 点的 $[\theta]$=0.001 rad。试校核此杆的刚度。

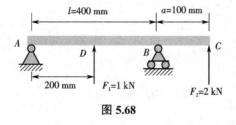

图 5.68

解　（1）如图 5.69 和图 5.70 所示，求解可得

$$\theta_{B_1} = -\frac{F_1 l^2}{16EI}$$

$$w_{C_1} = \theta_{B_1} a = -\frac{F_1 l^2 a}{16EI}$$

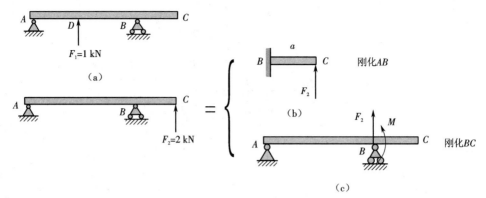

图 5.69

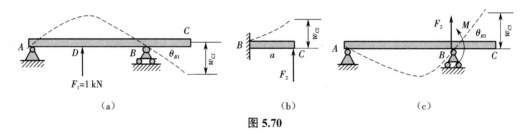

图 5.70

$$w_{C_2} = \frac{F_2 a^3}{3EI}$$

$$\theta_{B_2} = 0$$

$$\theta_{B_3} = \frac{Ml}{3EI} = \frac{laF_2}{3EI}$$

$$w_{C_3} = \theta_{B_3} a = \frac{F_2 la^2}{3EI}$$

（2）叠加求复杂载荷下的变形：

$$\theta_B = -\frac{F_1 l^2}{16EI} + \frac{laF_2}{3EI}$$

$$w_C = -\frac{F_1 l^2 a}{16EI} + \frac{F_2 a^3}{3EI} + \frac{F_2 la^2}{3EI}$$

$$I = \frac{\pi}{64}\left(D^4 - d^4\right) = 188 \times 10^{-8}\,\mathrm{m}^4$$

$$\theta_B = -\frac{F_1 l^2}{16EI} + \frac{laF_2}{3EI} = 0.423 \times 10^{-4}\,\mathrm{rad}$$

$$w_C = -\frac{F_1 l^2 a}{16EI} + \frac{F_2 a^3}{3EI} + \frac{F_2 la^2}{3EI} = 5.91 \times 10^{-6}\,\mathrm{m}$$

（3）校核刚度：

$$|w|_C \leq [w]$$

$$|\theta|_B \leq [\theta]$$

此杆的刚度满足要求。

5.4.5　提高弯曲刚度的措施

梁的弯曲变形与抗弯刚度 EI、梁的跨度 l 及梁的载荷等因素有关。所以,要提高弯曲刚度,需要从这几个因素考虑。

1. 改善结构形式和载荷作用方式,减小弯矩

合理调整载荷的分布方式,可以降低弯矩,从而减小梁的变形。如图 5.71(a)所示在跨度中点作用集中力 F 的简支梁,若将集中力 F 的位置移动(图 5.71(b))或在梁上加一辅梁(图 5.71(c)),均可以减小最大弯矩值,提高梁的刚度;如将集中力 F 代以均布载荷,且使 $ql=F$(图 5.71(d)),则其最大挠度仅为前者的 62.5%。

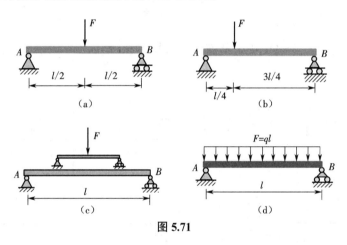

图 5.71

减小跨度、增加支座,或加固支座也是减小弯曲变形的有效方法。如图 5.72(a)所示跨度为 l 的简支梁,承受均布载荷 q 作用,如将梁两端的铰支座各向内移动(图 5.72(b)),或增加支座(图 5.73(a)),或加固支座(图 5.73(b)),变形的减小都是非常显著的。

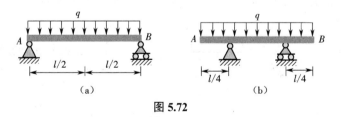

图 5.72

2. 选择合理的截面形状

从挠曲线的近似微分方程及其积分可以看出梁的挠度与抗弯刚度 EI 成反比,因此提高梁的抗弯刚度 EI,可以降低梁的变形。要提高梁的抗弯刚度,应在面积不变的情况下增大截面的惯性矩,例如使用工字形、圆环形截面,可提高单位面积的惯性矩。

值得注意的是,由于各种钢材的弹性模量较为接近,为提高弯曲刚度和减小弯曲变形而采用高强度钢材,并不会收到预期的效果。

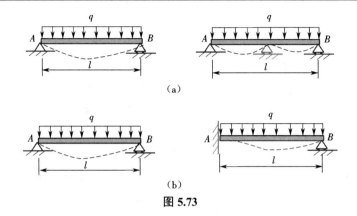

图 5.73

习　　题

5.1　试计算如图所示各梁指定截面的剪力与弯矩。

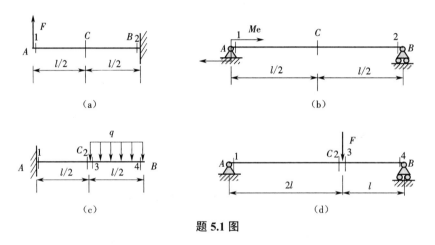

题 5.1 图

5.2　试建立如图所示各梁的剪力与弯矩方程,并画剪力图与弯矩图。

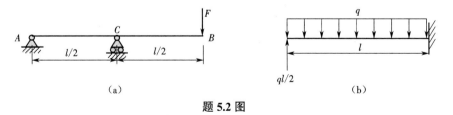

题 5.2 图

5.3　如图所示简支梁,载荷 F 可按四种方式作用于梁上。试分别画弯矩图,并指出最大弯矩的位置,说明何种加载方式最好。

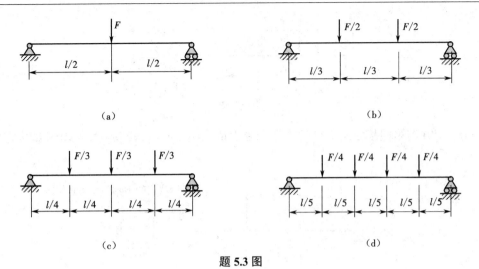

（a）　　　　　　　　　　　　　　　　　　　　　（b）

（c）　　　　　　　　　　　　　　　　　　　　　（d）

题 5.3 图

5.4　试利用剪力、弯矩与载荷集度的微分关系画如图所示各梁剪力图与弯矩图。

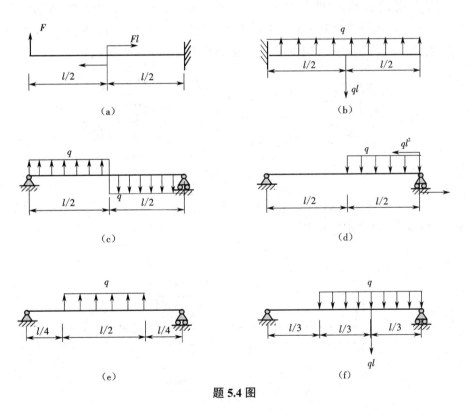

（a）　　　　　　　　　　　　　　　　　　　　　（b）

（c）　　　　　　　　　　　　　　　　　　　　　（d）

（e）　　　　　　　　　　　　　　　　　　　　　（f）

题 5.4 图

5.5　矩形等截面悬臂梁如图所示,已知 $l=3$ m,$h=1.5b$,$q=10$ kN/m,$[\sigma]=10$ MPa。试确定此梁横截面的尺寸。

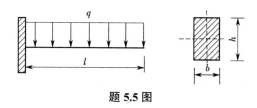

题 5.5 图

5.6 正方形箱型截面简支梁的支承和受力情况如图所示,若 [σ]=160 MPa,试确定许可载荷 F。

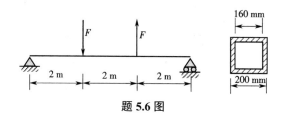

题 5.6 图

5.7 铸铁梁的载荷及横截面尺寸如图所示,已知截面对中性轴的惯性矩为 I_z=5.29 × 10^{-5} m^4,许用拉应力 [σ_t]=40 MPa,许用压应力 [σ_c]=160 MPa。试按正应力强度条件校核该梁的强度。若载荷不变,但将 T 形横截面倒置,是否合理? 何故?

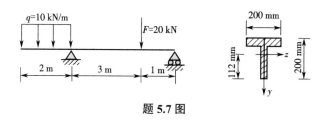

题 5.7 图

5.8 由三块木板黏结而成的悬臂梁如图所示,跨度 l=1 m,胶合面的许用切应力 [τ]=0.35 MPa,木材的许用弯曲正应力 [σ]=9.8 MPa,许用切应力 [τ]=1 MPa。试求许可载荷 F。

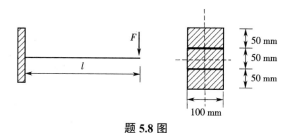

题 5.8 图

5.9 试求如图所示梁截面 B 的挠度和转角。EI 为已知常数。

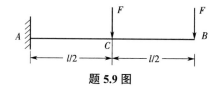

题 5.9 图

5.10 试求如图所示梁截面 B 的挠度和转角。EI 为已知常数。

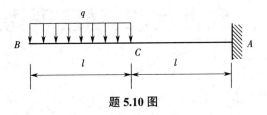

题 5.10 图

5.11 弯曲刚度为 EI 的悬臂梁,受力如图所示。试求梁截面 B 的挠度和转角。

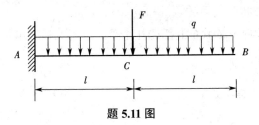

题 5.11 图

5.12 弯曲刚度为 EI 的悬臂梁,受力如图所示。试求梁截面 A 的挠度和转角。

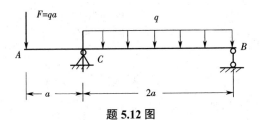

题 5.12 图

第6章 应力状态、强度理论及应用

6.1 应力状态的概念

拉伸(压缩)、扭转、弯曲时,横截面上正应力分析和剪应力分析的结果表明,同一面上不同点的应力各不相同,此即应力的点的概念。

例如,在图6.1中的截面S平面上任选几个点,其应力各不相同。

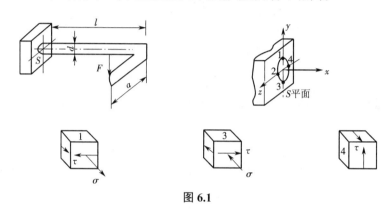

图6.1

平衡分析结果表明,即使同一点不同方向面上的应力也是各不相同的,此即应力的方向面的概念。

例如,如图6.2所示轴向拉伸杆件,点A在横截面上时只有正应力,而在这一点的其他方向既有正应力又有剪应力。

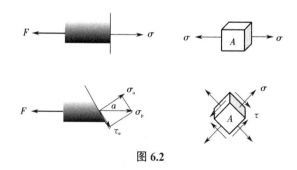

图6.2

过一点不同方向面上应力的集合,称为这一点的应力状态。

本章研究应力状态的目的就是找出一点沿不同方向应力的变化规律,确定出最大应力,从而全面考虑构件破坏的原因,建立适当的强度条件。

1. 一点应力状态的描述

单元体,即构件内的点的代表物,是包围被研究点的无限小的几何体,常用的是正六面体,取一 dx、dy、dz 均趋于 0 的微元即为单元体,如图 6.3 所示。

单元体的性质:

（1）平行面上,应力均布;

（2）平行面上,应力相等。

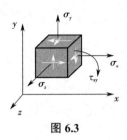

图 6.3

2. 单元体的选取

如图 6.4 所示简支梁,先选取所要研究的截面 S 平面,用截面法求出截面 S 所受的内力,再选取所要研究的点,画出其应力单元体上的正应力与剪应力。

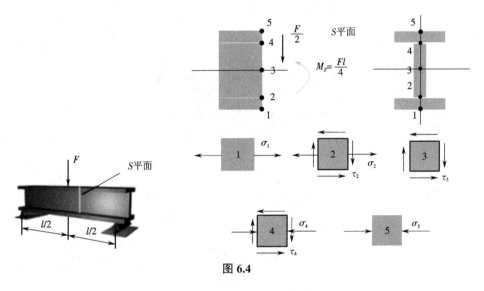

图 6.4

例 6.1　从如图 6.5 至图 6.8 所示各构件中 A 点和 B 点处取出单元体,并表明单元体各面上的应力。

解

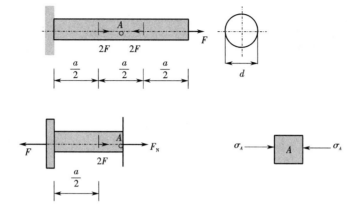

图 6.5

$$F_N = F - 2F = -F$$

$$\sigma_A = \frac{F_N}{A} = \frac{-F}{\frac{1}{4}\pi d^2} = -\frac{4F}{\pi d^2}$$

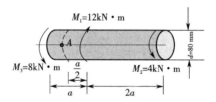

图 6.6

$$T_N = -M_3 = -8\ \text{kN} \cdot \text{m}$$

$$\tau_A = \frac{T_N}{W_t} = \frac{-8}{\frac{1}{16}\pi d^3} = \frac{16 \times (-8) \times 10^3}{3.14 \times 80^3 \times 10^{-9}} = -79.6\ \text{MPa}$$

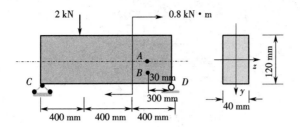

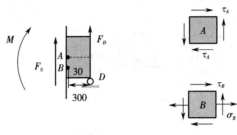

图 6.7

$$F_C = \frac{2}{3} \, \text{kN}$$

$$F_D = \frac{4}{3} \, \text{kN}$$

$$F_S = -\frac{4}{3} \, \text{kN}$$

$$M = F_D \times 300 \times 10^{-3} = \frac{4}{3} \times 10^3 \times 300 \times 10^{-3} = 400 \, \text{N} \cdot \text{m}$$

$$\tau_A = \frac{3}{2} \frac{F_S}{A} = \frac{3 \times (-1.33 \times 10^3)}{2 \times 40 \times 120 \times 10^{-6}} = -0.42 \, \text{MPa}$$

$$\sigma_B = \frac{My}{I_z} = \frac{400 \times 30 \times 10^{-3}}{\frac{1}{12} \times 40 \times 120^3 \times 10^{-12}} = 2.1 \, \text{MPa}$$

$$\tau_B = \frac{F_S S_z^*}{I_z b} = \frac{(-1.33 \times 10^3) \times 40 \times 30 \times 45 \times 10^{-9}}{\frac{1}{12} \times 40 \times 120^3 \times 40 \times 10^{-15}} = -0.31 \, \text{MPa}$$

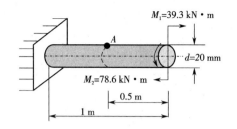

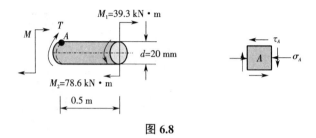

图 6.8

$$T = 78.6 \ \text{kN} \cdot \text{m} \qquad M = -39.3 \ \text{kN} \cdot \text{m}$$

$$\tau_A = \frac{T}{W_t} = \frac{78.6 \times 16 \times 10^3}{3.14 \times 20^3 \times 10^{-9}} = 50.1 \ \text{GPa}$$

$$\sigma_A = \frac{M}{W_z} = \frac{(-39.3) \times 32 \times 10^3}{3.14 \times 20^3 \times 10^{-9}} = -50.1 \ \text{GPa}$$

6.2　平面应力状态分析——解析法

如图 6.9 所示单元体为平面应力状态的一般情况。单元体上与 x 轴垂直的平面称为 x 平面,其上有正应力 σ_x 和切应力 τ_{xy};与 y 轴垂直的平面称为 y 平面,其上有正应力 σ_y 和切应力 τ_{yx};与 z 轴垂直的平面称为 z 平面,其上应力等于零。

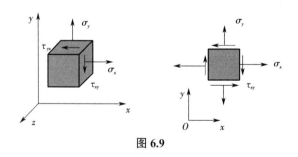

图 6.9

6.2.1　正负号规则

正应力的符号规定:拉为正,压为负,如图 6-10(a)所示。

切应力的符号规定:使微元或其局部顺时针方向转动为正,反之为负,如图 6.10(b)

所示。

θ 角的符号规定：由 x 正向逆时针转到 x' 正向者为正，反之为负，如图 6-10(c)所示。

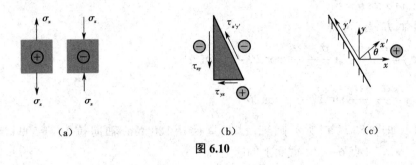

（a）　　　　　　　　　　　（b）　　　　　　　　　（c）

图 6.10

6.2.2　任意方位面 θ 上的应力

在研究一点的应力状态时，先用截面法确定出此点横截面上的应力 σ_x、σ_y 和 τ_{xy}，如图 6-11（a）所示；然后利用微元局部的平衡方程，求得过该点的任意方位面 θ 上的应力，如图 6.11（b）和（c）所示。

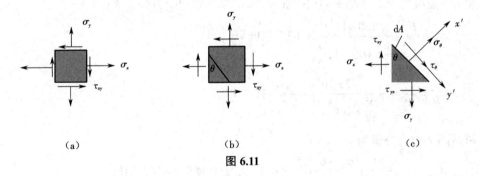

（a）　　　　　　　　　　　（b）　　　　　　　　　（c）

图 6.11

平衡对象：用 θ 斜截面截取的微元局部。

参加平衡的量：应力乘以其作用的面积。

已知量：横截面上的应力 σ_x、σ_y 和 τ_{xy}。

建立坐标系，列平衡方程：

$$\sum F_{x'} = 0$$

$$\sigma_\theta \mathrm{d}A + \tau_{xy}(\mathrm{d}A\cos\theta)\sin\theta - \sigma_x(\mathrm{d}A\cos\theta)\cos\theta +$$

$$\tau_{yx}(\mathrm{d}A\sin\theta)\cos\theta - \sigma_y(\mathrm{d}A\sin\theta)\sin\theta = 0$$

$$\sum F_{y'} = 0$$

$$\tau_\theta \mathrm{d}A - \tau_{xy}(\mathrm{d}A\cos\theta)\cos\theta - \sigma_x(\mathrm{d}A\cos\theta)\sin\theta +$$

$$\tau_{yx}(\mathrm{d}A\sin\theta)\sin\theta + \sigma_y(\mathrm{d}A\sin\theta)\cos\theta = 0$$

利用三角函数公式：

$$\cos^2\theta = \frac{1}{2}(1 + \cos 2\theta)$$

$$\sin^2\theta = \frac{1}{2}(1-\cos 2\theta)$$

$$2\sin\theta\cos\theta = \sin 2\theta$$

化简上述平衡方程式可得

$$\sigma_\theta = \frac{\sigma_x + \sigma_y}{2} + \frac{\sigma_x - \sigma_y}{2}\cos 2\theta - \tau_{xy}\sin 2\theta \tag{6.1}$$

$$\tau_\theta = \frac{\sigma_x - \sigma_y}{2}\sin 2\theta + \tau_{xy}\cos 2\theta \tag{6.2}$$

例 6.2　如图 6.12(a)所示圆轴,已知直径 d=100 mm,轴向拉力 F=500 kN,外力矩 T=7 kN·m。试求 A 点 θ=-30° 截面上的应力。

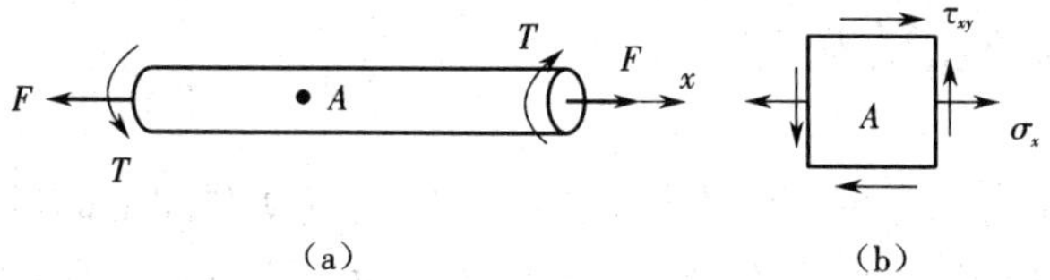

图 6.12

解　A 点应力状态如图 6.12(b)所示,其正应力和切应力分别为

$$\sigma_x = \frac{F}{A} = \frac{500\times 10^3}{\frac{\pi}{4}\times 100^2\times 10^{-6}} = 63.7 \text{ MPa}$$

$$\tau_{xy} = \frac{T}{W_t} = -\frac{7\times 10^3}{\frac{\pi}{16}\times 100^3\times 10^{-9}} = -35.7 \text{ MPa}$$

斜截面上应力分量为

$$\sigma_{-30°} = \frac{\sigma_x + 0}{2} + \frac{\sigma_x - 0}{2}\cos(-60°) - \tau_{xy}\sin(-60°) = 16.9 \text{ MPa}$$

$$\tau_{-30°} = \frac{\sigma_x - 0}{2}\sin(-60°) + \tau_{xy}\cos(-60°) = -45.4 \text{ MPa}$$

所求斜面的应力如图 6.13 所示。

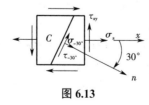

图 6.13

6.2.3　主应力与主方向

1. 正应力极值和方向

$$\sigma_\theta = \frac{\sigma_x + \sigma_y}{2} + \frac{\sigma_x - \sigma_y}{2}\cos 2\theta - \tau_{xy}\sin 2\theta$$

$$\frac{\mathrm{d}\sigma_\theta}{\mathrm{d}\theta} = -(\sigma_x - \sigma_y)\sin 2\theta - 2\tau_{xy}\cos 2\theta$$

令 $\left.\dfrac{\mathrm{d}\sigma_\theta}{\mathrm{d}\theta}\right|_{\theta=\theta_0} = 0$，即 $-(\sigma_x - \sigma_y)\sin 2\theta_0 - 2\tau_{xy}\cos 2\theta_0 = 0$，则

$$\tau_\theta = \frac{\sigma_x - \sigma_y}{2}\sin 2\theta_0 + \tau_{xy}\cos 2\theta_0 = 0$$

即当 $\theta = \theta_0$ 时，正应力取极值，此时切应力恰好为零，且

$$\tan 2\theta_0 = -\frac{2\tau_{xy}}{\sigma_x - \sigma_y} \tag{6.3}$$

由式（6.3）可以确定出两个相互垂直的平面 θ_0 和 $\theta_0+90°$，分别为最大正应力和最小正应力所在平面。

所以，最大正应力和最小正应力分别为

$$\genfrac{}{}{0pt}{}{\sigma_{\max}}{\sigma_{\min}} = \frac{\sigma_x + \sigma_y}{2} \pm \sqrt{\left(\frac{\sigma_x - \sigma_y}{2}\right)^2 + \tau_{xy}^2} \tag{6.4}$$

2. 切应力极值和方向

$$\tau_\theta = \frac{\sigma_x - \sigma_y}{2}\sin 2\theta + \tau_{xy}\cos 2\theta$$

$$\frac{\mathrm{d}\tau_\theta}{\mathrm{d}\theta} = (\sigma_x - \sigma_y)\cos 2\theta - 2\tau_{xy}\sin 2\theta$$

令 $\left.\dfrac{\mathrm{d}\tau_\theta}{\mathrm{d}\theta}\right|_{\theta=\theta_1} = 0$，即 $(\sigma_x - \sigma_y)\cos 2\theta_1 - 2\tau_{xy}\sin 2\theta_1 = 0$，则

$$\tan 2\theta_1 = \frac{\sigma_x - \sigma_y}{2\tau_{xy}} \tag{6.5}$$

$$\theta_0 = \theta_1 + \frac{\pi}{4}$$

即极限切应力面与最大正应力面成 45° 角。

所以，最大切应力和最小切应力分别为

$$\genfrac{}{}{0pt}{}{\tau_{\max}}{\tau_{\min}} = \pm\sqrt{\left(\frac{\sigma_x - \sigma_y}{2}\right)^2 + \tau_{xy}^2} \tag{6.6}$$

用单元体表示最大正应力与最大切应力如图 6.14 所示。

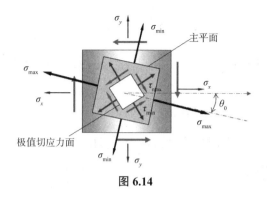

图 6.14

3. 主单元体、主平面、主应力

（1）主单元体：各侧面上切应力均为零的单元体，如图 6.15（b）所示。

（2）主平面：切应力为零的截面。

（3）主应力：主平面上的正应力。主应力排列规定：按代数值大小，$\sigma_1 \geqslant \sigma_2 \geqslant \sigma_3$。

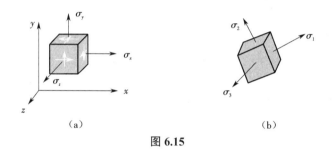

图 6.15

① 三向应力状态：三个主应力都不为零的应力状态，如图 6.15（b）所示。

② 二向应力状态：一个主应力为零的应力状态。

③ 单向应力状态：一个主应力不为零的应力状态。

主应力迹线：受力如图 6-16 所示的梁，将曲线上每一点的切线都指示着该点的拉主应力方位（或压主应力方位）连线，画出实线表示拉主应力迹线，虚线表示压主应力迹线的包络线，此包络线称为主应力迹线。

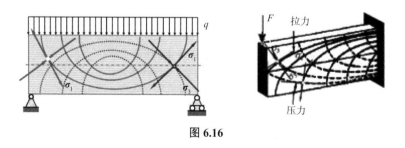

图 6.16

例 6.3　一点处的平面应力状态如图 6-17 所示，已知 $\sigma_x = 100$ MPa，$\sigma_y = -40$ MPa，$\tau_{xy} = -20$ MPa，$\theta = -30°$。试求：（1）θ 斜面上的应力；（2）主应力、主平面；（3）绘出主应力单元体。

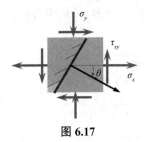

图 6.17

解 （1）θ 斜面上的应力：

$$\sigma_\theta = \frac{\sigma_x + \sigma_y}{2} + \frac{\sigma_x - \sigma_y}{2}\cos 2\theta - \tau_{xy}\sin 2\theta$$

$$= \frac{100-40}{2} + \frac{100+40}{2}\cos(-60°) + 20\sin(-60°) = 47.68\,\text{MPa}$$

$$\tau_\theta = \frac{\sigma_x - \sigma_y}{2}\sin 2\theta + \tau_{xy}\cos 2\theta$$

$$= \frac{100+40}{2}\sin(-60°) - 20\cos(-60°) = -70.6\,\text{MPa}$$

（2）主应力、主平面：

$$\begin{array}{c}\sigma_{\max}\\\sigma_{\min}\end{array} = \frac{\sigma_x + \sigma_y}{2} \pm \sqrt{\left(\frac{\sigma_x - \sigma_y}{2}\right)^2 + \tau_{xy}^2}$$

$$= \frac{100-40}{2} \pm \sqrt{\left(\frac{100+40}{2}\right)^2 + (-20)^2} = \begin{array}{c}102.8\\-42.8\end{array}\,\text{MPa}$$

$$\sigma_1 = 102.8\,\text{MPa}, \quad \sigma_2 = 0, \quad \sigma_3 = -42.8\,\text{MPa}$$

主平面的方位为

$$\tan 2\theta_0 = -\frac{2\tau_{xy}}{\sigma_x - \sigma_y} = -\frac{2\times(-20)}{100+40}$$

$$\theta_0 = 7.98°$$

$$\theta_0 + 90° = 7.98° + 90° = 97.98°$$

代入 σ_θ 的表达式可知，主应力 σ_1 方向为 $\theta_0 = 7.98°$，主应力 σ_3 方向为 $\theta_0 + 90° = 97.98°$。

（3）主应力单元体如图 6.18 所示。

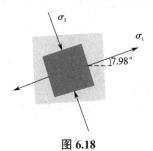

图 6.18

例 6.4　讨论轴向拉伸杆件的应力状态,分析试件拉伸时的破坏现象。

$$\sigma_x = \sigma \qquad \sigma_y = 0 \qquad \tau_{xy} = 0$$

$$\begin{matrix} \sigma_{max} \\ \sigma_{min} \end{matrix} = \frac{\sigma_x + \sigma_y}{2} \pm \sqrt{\left(\frac{\sigma_x - \sigma_y}{2}\right)^2 + \tau_{xy}^2} = \begin{matrix} \sigma \\ 0 \end{matrix}$$

$$\sigma_1 = \sigma \qquad \sigma_2 = \sigma_3 = 0$$

$$\tan 2\theta_0 = -\frac{2\tau_{xy}}{\sigma_x - \sigma_y} = 0 \quad \theta_0 = 90°$$

$$\begin{matrix} \tau_{max} \\ \tau_{min} \end{matrix} = \pm\sqrt{\left(\frac{\sigma_x - \sigma_y}{2}\right)^2 + \tau_{xy}^2} = \pm\frac{\sigma}{2}$$

$$\tan 2\theta_1 = \frac{\sigma_x - \sigma_y}{2\tau_{xy}} = \infty \quad \theta_1 = \pm 45°$$

低碳钢拉伸时会出现 45° 滑移线(图 6.19),这是由于在 45° 方向,剪应力最大,使得材料晶粒之间发生了错动。

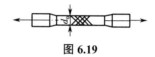

图 6.19

铸铁拉伸时沿横截面断裂(图 6.20),这是由于在横截面,正应力最大。

图 6.20

例 6-5　分析受扭构件的破坏规律

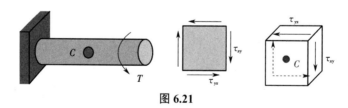

图 6.21

解　(1)确定危险点并画其原始单元体,如图 6-21 所示。

$$\sigma_x = \sigma_y = 0 \qquad \tau_{xy} = \tau = \frac{T}{W_t}$$

(2)求极值应力。

$$\begin{matrix} \sigma_{max} \\ \sigma_{min} \end{matrix} = \frac{\sigma_x + \sigma_y}{2} \pm \sqrt{\left(\frac{\sigma_x - \sigma_y}{2}\right)^2 + \tau_{xy}^2} = \pm\sqrt{\tau_{xy}^2} = \pm\tau$$

$$\sigma_1 = \tau \quad \sigma_2 = 0 \quad \sigma_3 = -\tau$$

$$\tan 2\theta_0 = -\frac{2\tau_{xy}}{\sigma_x - \sigma_y} = \infty \quad \theta_0 = 45°$$

$$\begin{matrix} \tau_{max} \\ \tau_{min} \end{matrix} = \pm\sqrt{\left(\frac{\sigma_x - \sigma_y}{2}\right)^2 + \tau_{xy}^2} = \pm\tau$$

$$\tan 2\theta_1 = \frac{\sigma_x - \sigma_y}{2\tau_{xy}} = 0 \quad \theta_1 = 0°$$

（3）破坏分析。

低碳钢：$\sigma_s = 240$ MPa，$\tau_s = 200$ MPa，扭转时在横截面断裂（图 6.22），这是由于在 0° 方向，剪应力最大。

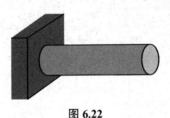

图 6.22

灰口铸铁：$\sigma_{tb} = 98 \sim 280$ MPa，$\sigma_{cb} = 640 \sim 960$ MPa，$\tau_b = 198 \sim 300$ MPa，扭转时在 45° 方向断裂（图 6.23），这是由于在 45° 方向，正应力最大。

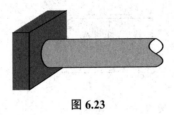

图 6.23

例 6.6　试求如图 6.24 所示单元体的主应力及主平面的位置。（单位：MPa）

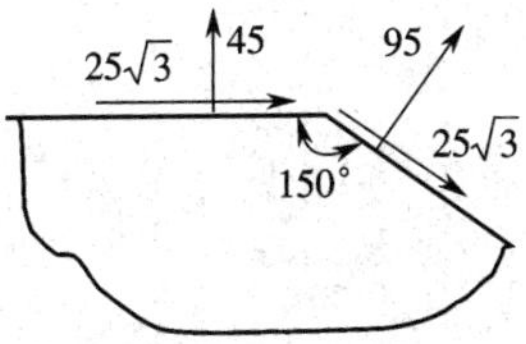

图 6.24

解　建立坐标系，可得

$$\sigma_y = 45 \text{ MPa}$$

$$\tau_{yx} = 25\sqrt{3} \text{ MPa} = -\tau_{xy}$$

$$\theta = 60°$$

$$\sigma_{60°} = 95 \text{ MPa}$$

$$\tau_{60°} = 25\sqrt{3} \text{ MPa}$$

代入

$$\sigma_\theta = \frac{\sigma_x + \sigma_y}{2} + \frac{\sigma_x - \sigma_y}{2}\cos 2\theta - \tau_{xy}\sin 2\theta$$

或代入

$$\tau_\theta = \frac{\sigma_x - \sigma_y}{2}\sin 2\theta + \tau_{xy}\cos 2\theta$$

解得

$$\sigma_x = 95\ \text{MPa}$$

因为

$$\begin{matrix}\sigma_{\max}\\\sigma_{\min}\end{matrix} = \frac{\sigma_x + \sigma_y}{2} \pm \sqrt{\left(\frac{\sigma_x - \sigma_y}{2}\right)^2 + \tau_{xy}^2}$$

则

$$\sigma_1 = 120\ \text{MPa}$$
$$\sigma_2 = 20\ \text{MPa}$$
$$\sigma_3 = 0$$
$$\theta_0 = 30°$$

单元体的主应力及主平面的位置,如图 6.25 所示。

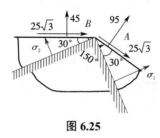

图 6.25

例 6.7　试求如图 6.26 所示单元体的主应力和最大切应力。(单位:MPa)

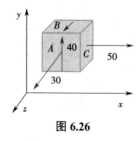

图 6.26

解　(1)由单元体知,x 面为主平面之一,且

$$\sigma_x = 50\ \text{MPa}$$

(2)求 y-z 面内的最大、最小正应力,即

$$\begin{aligned}\sigma_{max}\\\sigma_{min}\end{aligned}=\frac{\sigma_y+\sigma_z}{2}\pm\sqrt{\left(\frac{\sigma_y-\sigma_z}{2}\right)^2+\tau_{yz}^2}$$

$$=\frac{0+30}{2}\pm\sqrt{\left(\frac{0-30}{2}\right)^2+(-40)^2}=\begin{aligned}57.7\\-27.7\end{aligned}\text{MPa}$$

（3）主应力：

$$\sigma_1=57.7\ \text{MPa}\quad\sigma_2=50\ \text{MPa}\quad\sigma_3=-27.7\ \text{MPa}$$

（4）最大切应力：

$$\tau_{max}=\frac{\sigma_1-\sigma_3}{2}=\frac{57.7-(-27.7)}{2}=42.7\ \text{MPa}$$

6.3 平面应力状态分析——图解法

由式（6.1）和式（6.2）

$$\sigma_\theta=\frac{\sigma_x+\sigma_y}{2}+\frac{\sigma_x-\sigma_y}{2}\cos2\theta-\tau_{xy}\sin2\theta$$

$$\tau_\theta=\frac{\sigma_x-\sigma_y}{2}\sin2\theta+\tau_{xy}\cos2\theta$$

得到 σ_θ 和 τ_θ 的关系方程，这个方程恰好表示一个圆，这个圆称为应力圆，如图 6.27 所示，即

$$\left(\sigma_\theta-\frac{\sigma_x+\sigma_y}{2}\right)^2+\tau_\theta^2=\left(\frac{\sigma_x-\sigma_y}{2}\right)^2+\tau_{xy}^2 \tag{6.7}$$

应力圆和单元体的对应关系：圆上一点，体上一面；圆上半径，体上法线；转向一致，数量一半；直径两端，垂直两面。

由于应力圆上点的坐标与单元体面上的应力分量一一对应，因此按比例作图，可通过直接用尺子量出坐标值来求任意斜截面上的应力分量，此即称为图解法。

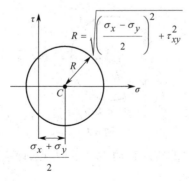

图 6.27

6.3.1 应力圆的画法

（1）已知 σ_x、σ_y、τ_{xy} 如图 6.28，假定 $\sigma_x > \sigma_y$。

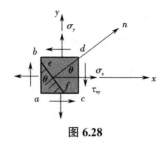

图 6.28

（2）在 σ、τ 坐标系内按比例尺确定两点 D_1、D_2，如图 6.29 所示。

（3）连接 D_1、D_2 两点，线段 D_1D_2 与 σ 轴交于 C 点，如图 6.30 所示。

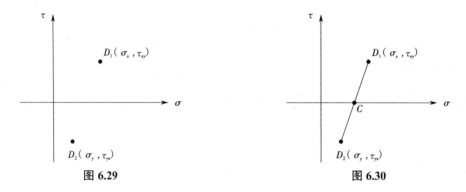

图 6.29   **图 6.30**

（4）以 C 为圆心，线段 CD_1 或 CD_2 为半径作圆，即为应力圆，如图 6.31 所示。

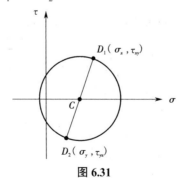

图 6.31

（5）从 D_1 点按斜截面角 θ 的转向转动 2θ 得到 E 点，该点的坐标值即为斜截面 ef 上的应力分量值，如图 6.32 所示。

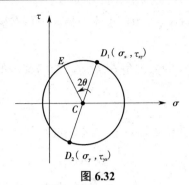

图 6.32

例 6.8　一点处的平面应力状态如图 6.33 所示,已知 σ_x=63.7 MPa, σ_y=0 MPa, τ_{xy}=−35.7 MPa。试用图解法求图示 θ=−30° 斜截面上的应力值。

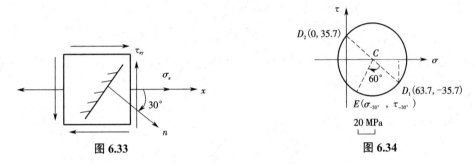

图 6.33　　　　　　　　　　　　　　　图 6.34

解　按一定比例画出应力圆,如图 6.34 所示。

在应力圆上两点为 D_1(63.7, −35.7), D_2(0, 35.7),按一定比例作出应力圆,并找到斜截面对应的点 E,量取其坐标可得

$$\sigma_{-30°} = 17 \text{ MPa} \qquad \tau_{-30°} = -46 \text{ MPa}$$

6.3.2　主平面和主应力

对如图 6.35(a)所示应力状态作出应力圆,如图 6.35(b)所示。

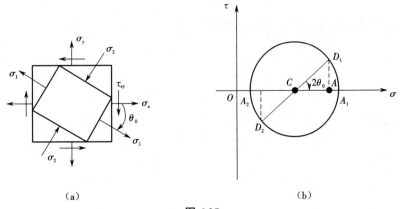

（a）　　　　　　　　　　　　　　　（b）

图 6.35

由图可知 $A_2(\sigma_{\min},\ 0)$，$A_1(\sigma_{\max},\ 0)$，主应力具体值可在应力圆上量取，即

$$OA_1 = \sigma_1 \quad OA_2 = \sigma_2 \quad \sigma_3 = 0$$

主平面位置：图中 σ_1 主平面的方位角 θ_0 对应于应力圆上的圆心角 $2\theta_0$，即

$$\tan 2\theta_0 = \frac{-\overline{D_1A}}{CA}$$

例 6.9　试用图解法求如图 6.36 所示应力状态的主应力及方向。

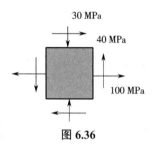

图 6.36

解　画应力圆。因为 σ_x=100 MPa，σ_y=−30 MPa，τ_{xy}=−40 MPa，在坐标系中画出两点 D_1（100，−40），D_2（−30，40），如图 6.37 所示。

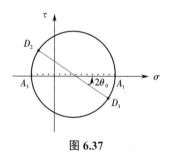

图 6.37

由应力圆通过直接量取，并考虑主应力的大小关系可得

$$\sigma_1 = 110\text{ MPa} \quad \sigma_2 = 0 \quad \sigma_3 = -40\text{ MPa} \quad 2\theta_0 = 31°36'$$

由此可得

$$\theta_0 = 15°48'$$

6.4　三向应力状态、广义胡克定律

1. 单拉下的应力－应变关系（图 6.38）

轴向拉压胡克定律：

$$\sigma_x = E\varepsilon_x \quad \varepsilon_x = \frac{\sigma_x}{E}$$

横向变形：

$$\varepsilon_y = -\mu\varepsilon_x = -\frac{\mu}{E}\sigma_x$$

$$\varepsilon_z = -\mu\varepsilon_x = -\frac{\mu}{E}\sigma_x$$

$$\gamma_{ij} \approx 0 (i, j = x, y, z)$$

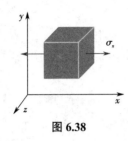

图 6.38

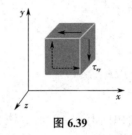

图 6.39

2. 纯剪的应力 – 应变关系（图 6.39）

$$\gamma_{xy} = \frac{\tau_{xy}}{G} \qquad \varepsilon_i \approx 0 \ (i = x, y, z) \qquad \gamma_{yz} = \gamma_{zx} \approx 0$$

3. 复杂状态下的应力 – 应变关系（图 6.40）

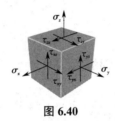

图 6.40

根据叠加原理，得

$$\varepsilon_x = \frac{\sigma_x}{E} - \mu\frac{\sigma_y}{E} - \mu\frac{\sigma_z}{E} = \frac{1}{E}\Big[\sigma_x - \mu\big(\sigma_y + \sigma_z\big)\Big] \tag{6.8}$$

同理

$$\varepsilon_y = \frac{1}{E}\Big[\sigma_y - \mu\big(\sigma_z + \sigma_x\big)\Big] \tag{6.9}$$

$$\varepsilon_z = \frac{1}{E}\Big[\sigma_z - \mu\big(\sigma_x + \sigma_y\big)\Big] \tag{6.10}$$

$$\gamma_{xy} = \frac{\tau_{xy}}{G} \qquad \gamma_{yz} = \frac{\tau_{yz}}{G} \qquad \gamma_{zx} = \frac{\tau_{zx}}{G} \tag{6.11}$$

4. 主应力 – 主应变关系

$$\varepsilon_1 = \frac{1}{E}\Big[\sigma_1 - \mu\big(\sigma_2 + \sigma_3\big)\Big]$$

$$\varepsilon_2 = \frac{1}{E}\Big[\sigma_2 - \mu\big(\sigma_3 + \sigma_1\big)\Big]$$

$$\varepsilon_3 = \frac{1}{E}\Big[\sigma_3 - \mu\big(\sigma_1 + \sigma_2\big)\Big]$$

例 6.10　已知如图 6.41 所示受力构件自由表面上某一点处的两个面内主应变分别为 $\varepsilon_1 = 240 \times 10^{-6}$，$\varepsilon_2 = -160 \times 10^{-6}$，弹性模量 $E = 210$ GPa，泊松比 $\mu = 0.3$。试求该点处的主应力及

另一主应变。

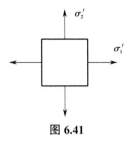

图 6.41

解　自由面上 $\sigma_3' = 0$，所以该点处的平面应力状态为

$$\sigma_1' = \frac{E}{1-\mu^2}\left[\varepsilon_1 + \mu\varepsilon_2\right]$$

$$= \frac{210\times10^9}{1-0.3^2}(240 - 0.3\times160)\times10^{-6} = 44.3\ \text{MPa}$$

$$\sigma_2' = \frac{E}{1-\mu^2}\left[\varepsilon_2 + \mu\varepsilon_1\right]$$

$$= \frac{210\times10^9}{1-0.3^2}(-160 + 0.3\times240)\times10^{-6} = -20.3\ \text{MPa}$$

$$\varepsilon_3 = -\frac{\mu}{E}(\sigma_2' + \sigma_1') = -\frac{0.3}{210\times10^9}(-20.3 + 44.3)\times10^6 = -34.3\times10^{-6}$$

例 6.11　如图 6.42 所示槽形刚体内放置一边长 a=10 mm 正方形钢块，已知 F=8 kN，E=200 GPa，μ=0.3。试求钢块的三个主应力。

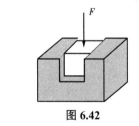

图 6.42

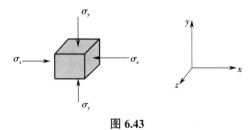

图 6.43

解　（1）研究对象为正方形钢块，如图 6.43 所示。

$$\varepsilon_x = 0 \qquad \sigma_y = -\frac{F}{A} = -80\ \text{MPa}$$

（2）由广义虎克定律，得

$$\varepsilon_x = \frac{1}{E}[\sigma_x - \mu(\sigma_y + \sigma_z)]$$

$$0 = \frac{1}{E}[\sigma_x - \mu\sigma_y]$$

$$\sigma_x = \mu\sigma_y = -24\,\text{MPa}$$

$$\sigma_1 = 0 \quad \sigma_2 = -24\,\text{MPa} \quad \sigma_3 = -80\,\text{MPa}$$

6.5　组合变形、强度理论

前面几章介绍了杆件的几种基本变形及其强度条件，对于杆件的基本变形形式，通过试验确定了极限应力，并在一定工作安全裕度下确定了许用应力，建立了各自的强度条件。杆件轴向拉伸或压缩的强度条件为

$$\sigma_{\max} = \frac{F_{\text{N,max}}}{A} \leqslant [\sigma]$$

轴扭转时的强度条件为

$$\tau_{\max} = \frac{T}{W_t} \leqslant [\tau]$$

梁弯曲时的强度条件为

$$\sigma_{\max} = \frac{M_{\max}}{W} \leqslant [\sigma] \qquad \tau_{\max} = \frac{F_S S_z^*}{bI_z} \leqslant [\tau]$$

但如果构件受到几种载荷作用，构件的变形会包含几种简单变形，当几种变形所对应的应力属同一量级时，不能忽略，例如烟囱受到由自重引起的轴向压缩和水平方向的风力而引起弯曲变形（图 6.44）；单柱压力机的立柱发生拉伸和弯曲的组合变形（图 6.45）。

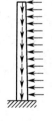

图 6.44

对于组合变形构件，组合形式无穷无尽，无法通过试验确定每种组合形式下的极限应力，也就无法确定其在一定工作安全裕度下的许用应力。当构件的变形为组合变形时，其强度条件应如何建立？

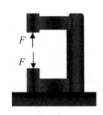

图 6.45

为了建立复杂应力状态下的强度条件,人们进行了大量的试验,在试验中发现不论应力状态多么复杂,材料在常温、静载作用下主要发生两种形式的失效:屈服和断裂。

根据破坏形式,提出关于材料破坏原因的假设及计算方法,即将复杂应力状态折合成单向应力状态的相当应力,这样就可以利用单向应力状态下试验确定的极限应力,在一定工作安全裕度下建立复杂应力状态的强度条件,即"构件发生强度失效起因"的假说——强度理论。

6.5.1 四个强度理论

1. 最大拉应力(第一强度)理论

该理论认为构件的断裂是由最大拉应力引起的。当最大拉应力达到单向拉伸的强度极限时,构件就断了。

(1)破坏判据:

$$\sigma_1 = \sigma_b \quad (\sigma_1 > 0)$$

(2)强度准则:

$$\sigma_1 \leqslant [\sigma] \quad (\sigma_1 > 0)$$

(3)适用范围:破坏形式为脆断的构件。

2. 最大伸长线应变(第二强度)理论

该理论认为构件的断裂是由最大拉应力引起的。当最大伸长线应变达到单向拉伸试验下的极限应变时,构件就断了。

$$\varepsilon_1 = \varepsilon_b \quad (\varepsilon_1 > 0) \qquad \varepsilon_1 = \frac{1}{E}\left[\sigma_1 - \mu(\sigma_2 + \sigma_3)\right] = \frac{\sigma_b}{E}$$

(1)破坏判据:

$$\sigma_1 - \mu(\sigma_2 + \sigma_3) = \sigma_b$$

(2)强度准则:

$$\sigma_1 - \mu(\sigma_2 + \sigma_3) \leqslant [\sigma]$$

(3)适用范围:破坏形式为脆断的构件。

3. 最大剪应力(第三强度)理论

该理论认为构件的屈服是由最大剪应力引起的。当最大剪应力达到单向拉伸试验的极限剪应力时,构件就破坏了。

$$\tau_{\max} = \tau_s \qquad \tau_{\max} = \frac{\sigma_1 - \sigma_3}{2} = \frac{\sigma_s}{2} = \tau_s$$

(1)破坏判据:

$$\sigma_1 - \sigma_3 = \sigma_s$$

(2)强度准则:

$$\sigma_1 - \sigma_3 \leqslant [\sigma]$$

(3)适用范围:破坏形式为屈服的构件。

4. 形状改变比能(第四强度)理论

该理论认为构件的屈服是由形状改变比能引起的。当形状改变比能达到单向拉伸试验屈服时形状改变比能时,构件就破坏了。

$$u_{x\max} = u_{xs}$$

(1)破坏判据:

$$\frac{1}{2}\left[(\sigma_1 - \sigma_2)^2 + (\sigma_2 - \sigma_3)^2 + (\sigma_3 - \sigma_1)^2\right] = \sigma_s^2$$

(2)强度准则:

$$\sqrt{\frac{1}{2}\left[(\sigma_1 - \sigma_2)^2 + (\sigma_2 - \sigma_3)^2 + (\sigma_3 - \sigma_1)^2\right]} \leqslant [\sigma]$$

(3)适用范围:破坏形式为屈服的构件。

6.5.2　四个强度理论的相当应力

由以上四个强度理论,将复杂应力状态折合成单向应力状态的相当应力及强度条件,它们分别为

$$\sigma_{r1} = \sigma_1 \leqslant [\sigma] \qquad\qquad (6.12)$$

$$\sigma_{r2} = \sigma_1 - \mu(\sigma_2 + \sigma_3) \leqslant [\sigma] \qquad\qquad (6.13)$$

$$\sigma_{r3} = \sigma_1 - \sigma_3 \leqslant [\sigma] \qquad\qquad (6.14)$$

$$\sigma_{r4} = \sqrt{\frac{1}{2}[(\sigma_1 - \sigma_2)^2 + (\sigma_2 - \sigma_3)^2 + (\sigma_3 - \sigma_1)^2]} \leqslant [\sigma] \qquad\qquad (6.15)$$

6.6　强度理论的工程应用

对于组合变形的强度问题,其强度计算一般按以下四个步骤进行分析。

(1)外力分析:确定所需的外力值。

(2)内力分析:画内力图,确定可能的危险面。

(3)应力分析:画危险面应力分布图,确定危险点并画出单元体,求主应力。

(4)强度分析:选择适当的强度理论,计算相当应力,然后进行强度计算。

例 6.12   直径 d=0.1 m 的圆杆受力如图 6.46 所示,已知 T=7 kN·m,F=50 kN, 杆件为铸铁构件,$[\sigma]$=40 MPa。试用第一强度理论校核此杆的强度。

解   由杆件所受外力可知任意截面受力相同;又根据截面的应力分布图,可以确定危险点在杆件的外表面上,任取外表面上一点 A,画出其应力状态,如图 6.47 所示。

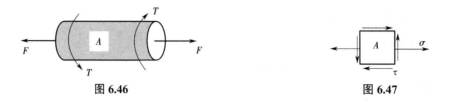

图 6.46   图 6.47

危险点 A 的应力值分别为

$$\sigma = \frac{F}{A} = \frac{4 \times 50 \times 10^3}{\pi \times 0.1^2} = 6.37 \text{ MPa}$$

$$\tau = \frac{T}{W_t} = \frac{16 \times 7\,000}{\pi \times 0.1^3} = 35.7 \text{ MPa}$$

由画出的 A 点单元体, 求出主应力, 即

$$\begin{matrix}\sigma_{\max} \\ \sigma_{\min}\end{matrix} = \frac{\sigma}{2} \pm \sqrt{\left(\frac{\sigma}{2}\right)^2 + \tau^2} = \frac{6.37}{2} \pm \sqrt{\left(\frac{6.37}{2}\right)^2 + 35.7^2} = \begin{matrix}39.03 \\ -32.66\end{matrix} \text{ MPa}$$

$$\sigma_1 = 39.03 \text{ MPa} \quad \sigma_2 = 0 \quad \sigma_3 = -32.66 \text{ MPa}$$

根据第一强度理论的强度条件对杆件进行强度校核,有

$$\sigma_1 \leqslant [\sigma]$$

故构件安全。

6.6.1   弯扭组合变形

当构件所受外力向形心(后弯心)简化并沿主惯性轴分解,构件发生弯曲与扭转两种简单变形形式时,称这种组合变形为弯扭组合。

例 6.13   如图 6.48(a)所示圆轴受集中力 F 和外力偶 T 的作用,已知梁长为 l,材料的许用正应力为 $[\sigma]$,轴的直径为 d。试按第三和第四强度理论校核轴的强度。

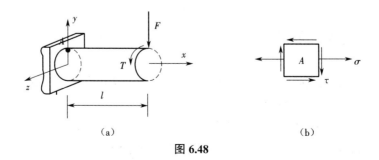

(a)   (b)

图 6.48

解   (1)计算固定端截面所受约束力。

（2）由杆件所受外力画出内力图，可确定危险截面为固定端截面。

（3）根据截面的应力分布图，可以确定危险点在固定端截面的上下外表面，假设取固定端截面的上外表面一点 A，画出其应力状态如图 6.48（b）所示。

危险点 A 的应力值分别为

$$\sigma = \frac{M}{W_z}$$

$$\tau = \frac{T}{W_t}$$

对于圆截面

$$W_t = 2W_z$$

计算 A 点的主应力：

$$\sigma_{\max} = \frac{\sigma_x + \sigma_y}{2} + \frac{1}{2}\sqrt{\left(\sigma_x - \sigma_y\right)^2 + 4\tau_{xy}^2} = \frac{\sigma}{2} + \frac{1}{2}\sqrt{\sigma^2 + 4\tau^2}$$

$$\sigma_{\min} = \frac{\sigma_x + \sigma_y}{2} - \frac{1}{2}\sqrt{\left(\sigma_x - \sigma_y\right)^2 + 4\tau_{xy}^2} = \frac{\sigma}{2} - \frac{1}{2}\sqrt{\sigma^2 + 4\tau^2}$$

$$\sigma_1 = \frac{\sigma}{2} + \frac{1}{2}\sqrt{\sigma^2 + 4\tau^2} \quad \sigma_2 = 0 \quad \sigma_3 = \frac{\sigma}{2} - \frac{1}{2}\sqrt{\sigma^2 + 4\tau^2}$$

由第三强度理论条件即式（6.14）

$$\sigma_{r3} = \sigma_1 - \sigma_3 \leqslant [\sigma]$$

可得

$$\sigma_{r3} = \sqrt{\sigma^2 + 4\tau^2} \leqslant [\sigma] \tag{6.16}$$

将 σ、τ 和 W_z 代入上式可得弯扭组合变形第三强度理论强度条件为

$$\sigma_{r3} = \frac{\sqrt{M^2 + T^2}}{W_z} \leqslant [\sigma]$$

由第四强度理论条件即式（6.15）

$$\sigma_{r4} = \sqrt{\frac{1}{2}[(\sigma_1 - \sigma_2)^2 + (\sigma_2 - \sigma_3)^2 + (\sigma_3 - \sigma_1)^2]} \leqslant [\sigma]$$

可得

$$\sigma_{r4} = \sqrt{\sigma^2 + 3\tau^2} \leqslant [\sigma] \tag{6.17}$$

将 σ、τ 和 W_z 代入上式可得弯扭组合变形第四强度理论强度条件为

$$\sigma_{r4} = \frac{\sqrt{M^2 + 0.75T^2}}{W_z} \leqslant [\sigma]$$

（4）将 $M = Fl$，$W_z = \dfrac{\pi d^3}{32}$ 代入式（6.16）和式（6.17），对杆件进行强度校核。

6.6.2 两相互垂直平面内的弯曲组合变形

对于两相互垂直有棱角的截面的弯曲组合变形:

$$\sigma_{\max} = \frac{M_z}{W_z} + \frac{M_y}{W_y} \le [\sigma] \tag{6.18}$$

对于两相互垂直圆截面的弯曲组合变形:

$$\sigma_{\max} = \frac{\sqrt{M_z^2 + M_y^2}}{W} \le [\sigma] \tag{6.19}$$

例 6.14 如图 6.49 所示悬臂梁,承受载荷 F_1 与 F_2 作用,已知 F_1=800 N,F_2=1.6 kN,l=1 m,许用应力 $[\sigma]$=160 MPa。试分别按下列要求确定截面尺寸:(1)截面为矩形,h=2b;(2)截面为圆形。

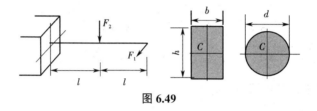

图 6.49

解 (1)矩形截面:

$$\sigma_{\max} = \frac{F_1 2l}{\dfrac{hb^2}{6}} + \frac{F_2 l}{\dfrac{bh^2}{6}} = [\sigma]$$

$$b = 35.6 \text{ mm} \qquad h = 2b = 71.2 \text{ mm}$$

(2)圆截面:

$$\sigma_{\max} = \frac{\sqrt{(F_1 2l)^2 + (F_2 l)^2}}{\dfrac{\pi d^3}{32}} = [\sigma]$$

$$d = 52.4 \text{ mm}$$

6.6.3 偏心拉伸(压缩)

当直杆受到与杆的轴线平行但不重合的拉力或压力作用时,即为偏心拉伸或偏心压缩。

例 6.15 如图 6.50 所示不等截面杆与等截面柱,F=350 kN。试分别求出两柱内的绝对值最大正应力。

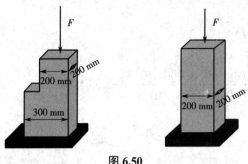

图 6.50

解　两柱均为压应力,第一个柱为偏心压缩,受力如图 6.51 所示。其最大正应力为

$$\sigma_{1\max} = \frac{F}{A_1} + \frac{M}{W_{z1}} = \frac{350\,000}{0.2 \times 0.3} + \frac{350 \times 50 \times 6}{0.2 \times 0.3^2} = 11.7\ \text{MPa}$$

第二个柱为轴向压缩,其最大正应力为

$$\sigma_{2\max} = \frac{F}{A} = \frac{350\,000}{0.2 \times 0.2} = 8.75\ \text{MPa}$$

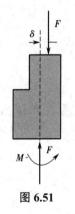

图 6.51

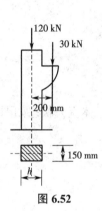

图 6.52

例 6.16　如图 6.52 所示立柱,欲使截面上的最大拉应力为零,试求截面尺寸 h 及此时的最大压应力。

解　(1)内力分析:

$$F_N = -120 - 30 = -150\ \text{kN}$$

$$M = 30 \times 10^3 \times 200 \times 10^{-3} = 6\,000\ \text{N} \cdot \text{m}$$

(2)最大拉应力为零的条件:

$$\sigma_{t\max} = \frac{F_N}{A} + \frac{M}{W}$$

$$= -\frac{150 \times 10^3}{150 \times h} + \frac{6 \times 6\,000 \times 10^3}{150 \times h^2} = 0$$

解得

$$h = 240\ \text{mm}$$

（3）求最大压应力：

$$\sigma_{c\,max} = \frac{F_N}{A} - \frac{M}{W}$$

$$= -\frac{150 \times 10^3}{150 \times 240} - \frac{6 \times 6\,000 \times 10^3}{150 \times 240^2} = -8.33\ \text{MPa}$$

习　　题

6.1　单元体应力状态如图所示，已知 σ_x=-25 MPa，σ_y=-5 MPa。试求外法线与 x 轴成顺时针 60° 夹角的斜截面上的正应力与切应力。

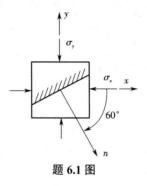

题 6.1 图

6.2　单元体应力状态如图所示。试求主应力及主平面位置。（单位：MPa）

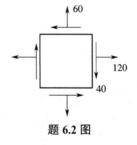

题 6.2 图

6.3　A、B 二点应力状态如图所示，已知该二点处的最大主应力值相同。试求 τ_x。

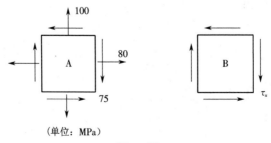

（单位：MPa）

题 6.3 图

6.4　某点处于如图所示平面应力状态，已知 σ_x=30 MPa，σ_y=20 MPa，τ_x=10 MPa，弹性模

量 $E=2\times10^5$ MPa,泊松比 $\mu=0.3$。试求该点 σ_x 方向的线应变 ε_x。

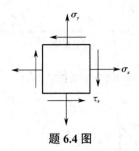

题 6.4 图

6.5 如图所示受力物体危险点的应力状态,材料许用应力 $[\sigma]=120$ MPa。试用第三强度理论校核强度。

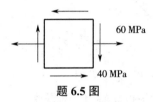

题 6.5 图

6.6 已知应力状态如图所示。试用解析法及图解法求:(1)主应力大小;(2)最大切应力。(单位:MPa)

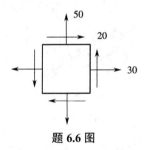

题 6.6 图

6.7 画出如图所示梁中 E 点处单元体的应力状态。

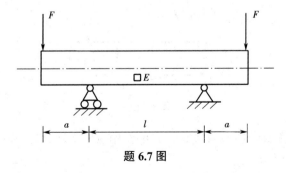

题 6.7 图

6.8 圆轴受力如图所示,已知 $d=100$ mm,$F=400$ kN,$T=4$ kN·m,$E=200$ GPa,屈服极限 $\sigma_s=200$ MPa,规定安全系数 $n=2$。试:(1)指出危险点并图示其应力状态;(2)按第三强度理论校核轴的强度。

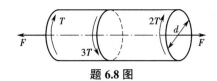

题 **6.8** 图

6.9　试用第三强度理论校核如图所示直径为 d,受载荷 F 和 T 作用的圆轴的强度,并写出其强度条件。

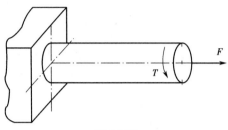

题 **6.9** 图

6.10　如图所示钢制拐轴,承受集中载荷 F 作用,已知载荷 $F=1$ kN,许用应力 $[\sigma]=160$ MPa。试根据第三强度理论确定轴 AB 的直径。

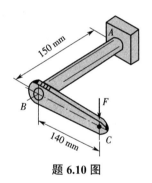

题 **6.10** 图

6.11　直径为 d 的实心杆受力如图所示,已知 m_1 和 m_2,试根据第三强度理论求外表面上 C 点的相当应力 σ_{r3}。

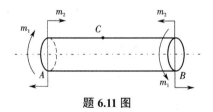

题 **6.11** 图

6.12　矩形截面偏心受压杆如图所示,F 的作用点位于截面的对称轴(y 轴)上,已知 F、b、h。试求该杆中的最大压应力。

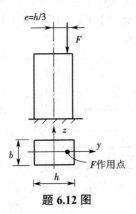

题 6.12 图

6.13　如图所示圆形截面悬臂梁,自由端受力 F 和力偶矩 M_e 的作用,已知 $M_e=2Fl$,梁长 l,直径 D。试按第三强度理论计算梁内最大应力。

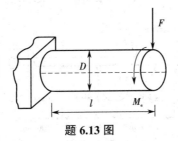

题 6.13 图

6.14　如图所示圆轴 A 端固定,其许用应力 $[\sigma]=50$ MPa,轴长 $l=1$ m,直径 $d=120$ mm; B 端固连一圆轮,其直径 $D=1$ m,轮缘上作用铅垂切向力 $F=6$ kN。试按最大切应力理论校核该圆轴的强度。

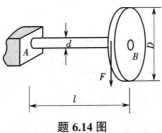

题 6.14 图

6.15　如图所示圆截面钢杆,承受载荷 F_1 , F_2 与扭力矩 M_e 作用,已知载荷 $F_1=500$ N, $F_2=15$ kN, 扭力矩 $M_e=1.2$ kN · m ,许用应力 $[\sigma]=160$ MPa。试根据第三强度理论校核杆的强度。

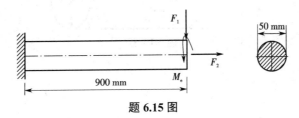

题 6.15 图

6.16　如图所示矩形截面悬臂梁,已知 F_1=1 kN, F_2=2 kN, l=2 m, b=100 mm, h=200 mm。试求梁的最大拉应力,并指明其位置。

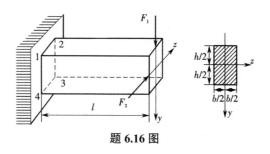

题 6.16 图

6.17　如图所示传动轴,已知轮 A 上皮带拉力为铅垂方向,轮 B 上皮带拉力为水平方向,皮带轮 A、B 直径均为 500 mm,轴的直径 d=66 mm,许用应力 $[\sigma] = 160$ MPa,不计轮和轴的自重。试作轴的扭矩图与弯矩图,并根据第三强度理论校核圆轴的强度。

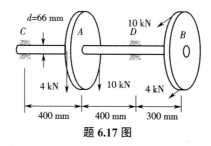

题 6.17 图

6.18　如图所示矩形截面杆偏心受拉,已知截面的宽度 b=250 mm,高度 h=500 mm,自由端受力 F=150 kN,偏心距 $e= h/4$,材料的许用拉应力 $[\sigma_t]$=2 MPa,许用压应力 $[\sigma_c]$=5 MPa。试校核杆的强度。

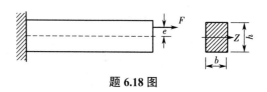

题 6.18 图

6.19　如图所示圆轴,已知其直径 d,材料弹性模量 E 和泊松比 μ,扭转力偶矩 M_o。试求表面点 A 沿水平线成 45° 方向的线应变 $\varepsilon_{45°}$。

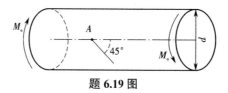

题 6.19 图

第 7 章　压杆稳定

7.1　概述

如图 7.1 所示为"短"粉笔和"长"钢尺的受压演示图。当在一根长钢尺上下端面用两手掌沿其轴向压缩时,会发现随着力度慢慢增加到某一值时,钢尺会**突然**弯向一侧,钢尺由原来稳定的直线平衡状态变为曲线稳定平衡状态,把这种现象称为"**失稳**",把钢尺由直线平衡突变到曲线平衡的那个压力称为"**临界力**";当压粉笔时,即使用很大的压力,粉笔也未能"失稳"。

图 7.1

对已发生弯曲(失稳)的钢尺,减小压力,钢尺又恢复为直线,即钢尺未发生强度破坏。由上述来源于生活的例子,可以看到:对于受压杆件,当其长度超过某一值后,杆件在发生强度破坏前,先发生失稳,失稳后的杆件将产生大的变形,随之有可能引发强度和刚度问题。在工程实际中,存在大量的受压杆件,如连杆、活塞杆、杆件结构中的受压杆等,当机构或结构中的这些杆件一旦发生失稳时,整个机构或结构就不能正常工作,甚至发生灾难,因此对压杆稳定问题必须加以研究。

本章重点讲述压杆失稳临界力的计算、压杆的稳定校核以及提高压杆稳定性的措施。

7.2　两端铰支细长压杆的临界力

如图 7.2 所示为一长 l,两端球**铰支**的细长直杆,设在其两端施加一对沿杆件轴向的压力 F(绝对值),设其发生图示的微小弯曲变形。

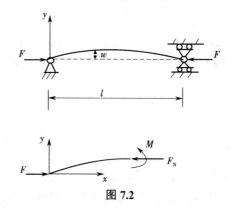

图 7.2

在图示坐标系下,因 x 处截面弯矩 M 与其挠度 w 符号相反,故有 $M=-Fw$,将该式代入小变形挠曲线近似微分方程 $\dfrac{\mathrm{d}^2 w}{\mathrm{d} x^2}=\dfrac{M}{EI}$ 中,推得

$$\frac{\mathrm{d}^2 w}{\mathrm{d} x^2}=-\frac{Fw}{EI}$$

（a）

因杆两端为球铰支,杆件微小变形可在任意纵向平面内发生,所以变形一定发生在抗弯能力最小的纵向平面内,故式(a)中的 I 为**横截面最小惯性矩**(典型截面图形最小惯性矩见表 7.1),令

$$k^2=\frac{F}{EI}$$

（b）

表 7.1　典型截面图形最小惯性矩

	圆形(直径 D)	圆环形(外径 D,内径 d)	矩形(宽 b,高 h)
最小惯性矩	$\dfrac{\pi D^4}{64}$	$\dfrac{\pi}{64}(D^4-d^4)$	$\min(\dfrac{bh^3}{12},\dfrac{hb^3}{12})$

将式(b)代入式(a),得

$$\frac{\mathrm{d}^2 w}{\mathrm{d} x^2}+k^2 w=0$$

（c）

解式(c),得

$$w=A\sin kx+B\cos kx$$

（d）

由边界条件　$x=0$, $w=0$ 推出 $B=0$; $x=l$, $w=0$ 推出 $A\sin kl=0$,因 A 不能为零,故 $\sin kl=0$,即 $kl=n\pi$,则 $k=\dfrac{n\pi}{l}$。

将 k 回代式(b),推得

$$F=\frac{n^2\pi^2 EI}{l^2}$$

（e）

因 n 为 $0,1,2,\cdots$ 的整数,故使杆件曲线平衡的压力理论上是多值的,在这些压力中,使得杆件保持**微小弯曲**的最小压力是临界压力 F_{cr},即 $n=1$,则临界力为

$$F_{cr} = \frac{\pi^2 EI}{l^2} \qquad\qquad (7.1)$$

式（7.1）也称为两端铰支细长压杆的**欧拉公式**，由此式得出的临界压力本书简称为**欧拉临界力**（1744 年欧拉推出）。

现进行以下**讨论**。

1. 欧拉临界力下，杆件中点处的挠度

在欧拉临界力下，由于 $n=1$，即 $k = \frac{\pi}{l}$，从而得知杆中点的挠度为 A，但其无法确定，这是由于在挠度求解时，使用了小变形下的近似挠曲线微分方程，若使用精确挠曲线微分方程 $\frac{\mathrm{d}^2 w}{\mathrm{d}x^2} = \frac{M}{EI}\left[1+(\frac{\mathrm{d}w}{\mathrm{d}x})^2\right]^{\frac{3}{2}}$ 求解，则 A 可解得。

2. 压杆的直线平衡和曲线平衡

当杆件压力小于临界压力时，压杆的直线平衡是稳定的，即有微小横向扰动时，当扰动撤去后，压杆恢复到原直线平衡状态；当压力大于临界压力时，压杆直线平衡是不稳定的，即有微小横向扰动时，压杆趋向离开原直线平衡状态，而稳定到某一曲线平衡状态。另外，精确解分析表明，当压力 $F = 1.152 F_{cr}$ 时，杆件中间点的挠度 $\delta \approx 0.30l$，这样大的变形，一般杆件早已发生塑性变形破坏，由此可知当杆件的承载压力超过临界压力很小时，杆件因强度问题实际已无法维持曲线平衡。

3. 压杆的实际临界力

这之前的推导、讨论都是针对无加工误差、材料均匀、压力与杆件轴线重合的理想杆件，即杆件轴线失稳前一直保持直线；而实际杆件在失稳前，轴线已有弯曲变形，当实际杆件承受的压力达到某一极值后，杆件将被突然压溃，即杆上的点（个别点除外）发生位移"跳跃"，这一极值要较理想杆件的欧拉临界力小。

如图 7.3 所示为长 1.1 m、横截面半径 0.007 m、弹性模量 210 GPa、一端固定且另一端自由的细长杆（其欧拉临界力为 807.52 N），考虑初弯曲缺陷进行的稳定性有限元模拟显示，初弯曲对压杆失稳极值影响不可忽视，具体模拟数据见表 7.2。

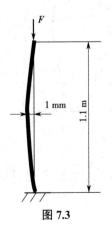

图 7.3

表 7.2   初弯曲缺陷对压杆失稳极值(临界值)的影响

	理想杆件	初弯曲 0.001 m	初弯曲 0.002 m
有限元数值解	808.80 N	464.44 N	277.29 N

7.3   杆端约束对压杆欧拉临界力的影响

与上节方法相同,可导出不同约束情况下压杆的欧拉临界力,其统一表达式为

$$F_{cr} = \frac{\pi^2 EI}{(\mu l)^2}$$

(7.2)

式中: μ 称为压杆的长度系数,不同约束情况的长度系数见表 7.3。

表 7.3   压杆的长度系数

杆端约束条件	长度系数
两端固定	0.5
一端固定,一端铰支	0.7
两端铰支	1
一端固定,一端自由	2

例 7.1   试由近似挠曲线微分方程,导出一端固定、一端铰支的压杆的长度系数。

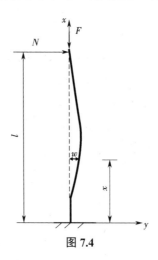

图 7.4

解   由 $M(x) = -Fw + N(l-x)$, $EI \dfrac{d^2 w}{dx^2} = M(x)$,得

$$\frac{d^2 w}{dx^2} = -\frac{F}{EI} w + \frac{N}{EI}(l-x)$$

令　$k^2 = \dfrac{F}{EI}$，则推得

$$\frac{\mathrm{d}^2 w}{\mathrm{d}x^2} + k^2 w = \frac{N}{EI}(l - x)$$

求解上式得

$$w = A\sin(kx) + B\cos(kx) + \frac{N}{F}(l - x)$$

进一步求导推得

$$\theta = \frac{\mathrm{d}w}{\mathrm{d}x} = Ak\cos(kx) - Bk\sin(kx) - \frac{N}{F}$$

由边界条件 $x = 0, w = 0, \theta = 0$，推得

$$\begin{cases} B + \dfrac{N}{F}l = 0 \\[2mm] Ak - \dfrac{N}{F} = 0 \end{cases} \tag{a}$$

由边界条件 $x = l$，w=0，推得

$$A\sin(kl) + B\cos(kl) = 0 \tag{b}$$

式（a）和式（b）为关于 $A, B, \dfrac{N}{F}$ 的齐次线性方程组，有非零解的前提是其系数矩阵行列式等于零，即

$$\begin{vmatrix} 0 & 1 & l \\ k & 0 & -1 \\ \sin(kl) & \cos(kl) & 0 \end{vmatrix} = 0$$

进一步推得

$$\tan(kl) = kl$$

由图解法解得 kl 为正值的最小值为 4.49，由此求得

$$F_{\mathrm{cr}} = k^2 EI = \frac{20.16EI}{l^2} \approx \frac{\pi^2 EI}{(0.7l)^2}$$

即

$$\mu = 0.7$$

7.4　欧拉公式的适用范围、经验公式

用前面给出的欧拉公式，可推得临界力所对应的临界应力为

$$\sigma_{\mathrm{cr}} = \frac{F_{\mathrm{cr}}}{A} = \frac{\pi^2 EI}{(\mu l)^2 A} \tag{a}$$

式中：A 为杆的横截面面积，令 $I = i^2 A$（ i 为截面图形对 y 或 z 轴的惯性半径），则式（a）进一步写为

$$\sigma_{cr} = \frac{\pi^2 E}{(\frac{\mu l}{i})^2} \qquad\qquad (b)$$

令

$$\lambda = \frac{\mu l}{i} \qquad\qquad (7.3)$$

将式(7.3)代入式(b),得

$$\sigma_{cr} = \frac{\pi^2 E}{\lambda^2} \qquad\qquad (7.4)$$

λ称为**柔度或长细比**,无量纲,反映了杆长、约束条件、截面形状及尺寸等因素对σ_{cr}的影响。

式(7.4)是在式(7.2)的基础上推得的,而式(7.2)要求材料服从胡克定理,故式(7.4)的σ_{cr}须小于材料的比例极限σ_p,即

$$\frac{\pi^2 E}{\lambda^2} \le \sigma_p \quad \text{或} \quad \lambda \ge \sqrt{\frac{\pi^2 E}{\sigma_p}} \qquad\qquad (c)$$

令

$$\lambda_1 = \sqrt{\frac{\pi^2 E}{\sigma_p}} \qquad\qquad (7.5)$$

则式(c)写为

$$\lambda \ge \lambda_1 \qquad\qquad (7.6)$$

式(7.6)就是欧拉公式(7.2)或式(7.4)的使用条件,满足式(7.6)的压杆,称为**大柔度杆**,即所说的**细长压杆**。

对于σ_{cr}大于比例极限σ_p,小于屈服极限(或强度极限)$\sigma_{s(b)}$,即$\lambda_2 \le \lambda \le \lambda_1$,这种**中柔度的压杆**,在工程中,其失稳临界应力的计算,一般使用由试验给出的**经验公式**,常用的经验公式有直线公式和抛物线公式,其中直线公式为

$$\sigma_{cr} = a - b\lambda \qquad\qquad (7.7)$$

式中:a、b为与材料性质有关的常数,常用材料的a、b见表7.4。

由下式可推出:

$$\lambda_2 = \frac{a - \sigma_{s(b)}}{b} \qquad\qquad (7.8)$$

对于$\lambda \le \lambda_2$的小柔度压杆,不存在失稳现象,为强度问题。

表 7.4 直线公式的系数 a、b

材料	a /MPa	b /MPa
Q235 钢	304	1.12
35 钢	469	2.62
45 钢	589	3.82

续表

材料	a /MPa	b /MPa
铸铁	338.7	1.483
硅钢	578	3.744
铬钼钢	9 807	5.296
强铝	373	2.15
松木	40	0.203

7.5　压杆的稳定校核

对于大、中柔度压杆,临界压力 F_{cr} 与工作压力 F 之比称为**工作安全系数** n,该安全系数 n 应大于规定的**稳定安全系数** n_{st}(设计手册或规范中查得),即

$$n = \frac{F_{cr}}{F} \geqslant n_{st} \tag{7.9}$$

对于大、中柔度压杆,应用式(7.9),可进行设计及校核。

例 7.2　一长 2 m 的圆截面压杆,两端铰支,材料为 Q235A 钢, E=206 GPa, $\sigma_p = 200$ MPa, 最大轴向压力 F=16.8 kN,规定的稳定安全系数 $n_{st}=4$。试按稳定条件设计压杆的直径 d。

解　先假设满足欧拉公式,两端铰支情况下, $\mu = 1$,由式(7.2),得

$$F_{cr} = \frac{\pi^2 EI}{(\mu l)^2} = \frac{\pi^2 \times 206 \times 10^9 \times \frac{\pi d^4}{64}}{(1 \times 2)^2}$$

因为 $n = \frac{F_{cr}}{F} \geqslant 4$,故有

$$n = \frac{\pi^2 \times 206 \times 10^9 \times \frac{\pi d^4}{64}}{F \times (1 \times 2)^2} = \frac{\pi^2 \times 206 \times 10^9 \times \frac{\pi d^4}{64}}{16.8 \times 10^3 \times 4} \geqslant 4$$

解得

$$d \geqslant 0.040\ 5 \text{ m},取 d = 40 \text{ mm}$$

验算柔度:

$$\lambda_1 = \sqrt{\frac{\pi^2 E}{\sigma_p}} = \sqrt{\frac{\pi^2 \times 206 \times 10^9}{200 \times 10^6}} \approx 100$$

$$i = \sqrt{I/A} = \sqrt{\frac{\pi d^4 / 64}{\pi d^2 / 4}} = 0.01 \text{ m}$$

$$\lambda = \frac{\mu l}{i} = \frac{1 \times 2}{0.01} = 200$$

因为 $\lambda > \lambda_1$,故以上应用欧拉公式设计出的直径是合适的。

例 7.3　蒸汽机车的连杆如图 7.5 所示,其截面为工字形,材料为 Q235 钢, λ_1=100,连杆

承受的最大轴向压力为 465 kN。连杆在摆动平面(xy 平面)内发生弯曲时,两端可认为铰支;而在与摆动平面垂直的 xz 平面内发生弯曲时,两端可认为固定。试确定其工作安全系数。

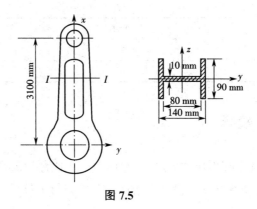

图 7.5

解 (1)计算截面的几何性质:

$A = 6\,470\ \text{mm}^2$

$I_y = 4\,055\,040\ \text{mm}^4 \quad I_z = 17\,755\,479\ \text{mm}^4$

$i_y = \sqrt{\dfrac{I_y}{A}} = 25\ \text{mm} \qquad i_z = \sqrt{\dfrac{I_z}{A}} = 52\ \text{mm}$

xy 平面和 xz 平面内的柔度值分别为

$$\lambda_{xy} = \frac{\mu_1 l_1}{i_z} = \frac{1 \times 3.1}{0.052} = 59.6$$

$$\lambda_{xz} = \frac{\mu_2 l_2}{i_y} = \frac{0.5 \times 3.1}{0.025} = 62$$

则连杆容易在 xz 平面内失稳。

对于 Q235 钢,有

$a = 304\ \text{MPa} \quad b = 1.12\ \text{MPa}$

$\sigma_s = 235\ \text{MPa}$

$$\lambda_2 = \frac{a - \sigma_s}{b} = 61.6$$

$\lambda_2 < \lambda_{xz} < \lambda_1$

连杆为中长杆,用直线公式计算临界压力为

$$P_{cr} = \sigma_{cr} A = (a - b\lambda_{xz}) A = 1\,517.6\ \text{kN}$$

工作安全系数为

$$n = \frac{P_{cr}}{P_{max}} = \frac{1\,517.6}{465} = 3.26$$

7.6 提高压杆稳定性的措施

由压杆的临界应力公式 $\sigma_{cr} = \dfrac{\pi^2 E}{(\lambda)^2}$、$\sigma_{cr} = a - b\lambda$ 以及 $\lambda = \dfrac{\mu l}{i}$、$I = i^2 A$ 可知,压杆的承载能力与杆件的材料参数(E、a、b)及柔度系数 λ 有关,而柔度系数 λ 取决于压杆的长度、约束、截面几何性质等,据此可考虑采取以下措施提高压杆的稳定性。

1. 减小压杆的长度

由 $\lambda = \dfrac{\mu l}{i}$ 及 $\sigma_{cr} = \dfrac{\pi^2 E}{(\lambda)^2}$ 和 $\sigma_{cr} = a - b\lambda$ 可知,减小压杆长度,可迅速增加临界应力,即大幅提高压杆稳定性。因此,在允许条件下,压杆的长度要尽可能设计得短些。如图 7.6 所示为一空气压缩机的结构示意简图,可见活塞和活塞杆在 B 处轴向固定较之在 A 处固定,活塞杆抗失稳能力要高得多。

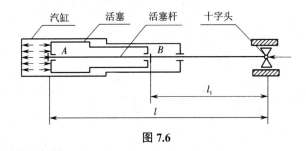

图 7.6

2. 加强约束

由 $\lambda = \dfrac{\mu l}{i}$ 及 $\sigma_{cr} = \dfrac{\pi^2 E}{(\lambda)^2}$ 和 $\sigma_{cr} = a - b\lambda$ 看出,加强约束可减小 μ,减小柔度,从而提高压杆稳定性。例如细长压杆,两端固定($\mu = 0.5$)比两端铰支($\mu = 1$),其稳定性提高到 4 倍。

3. 合理选择截面

由 $\lambda = \dfrac{\mu l}{i}$、$I = i^2 A$ 看出,在横截面面积 A 不变的情况下,为减小柔度,应设法增加惯性矩 I,为此压杆常采用空心截面。另外,由于各种原因,压杆往往在不同纵向平面内约束不同,由于柔度与约束有关,故设计截面形状时,需尽量使压杆在两个主惯性面内的柔度接近。

4. 合理选择材料

对于细长压杆,临界应力与弹性模量成正比,在其他条件相同的情况下,弹性模量越大,压杆承载能力越强,例如钢杆的临界力就大于铝杆;不过对于钢材料的压杆,由于各种钢材的弹性模量大致相等,所以高强度钢的稳定性和普通钢接近。

对于中柔度压杆,由于材料屈服点和比例极限的提高能引起临界应力的增加,所以选用高强度钢材能有效提高其稳定性。

7.7*　梁的侧失稳

失稳现象不只存在于受压杆件,对于有压应力、剪应力存在的薄壁结构也会出现失稳现象,如乒乓球的局部凹陷、截面窄而高的梁的侧失稳。

如图7.7所示为一长1 m、横截面为矩形(高3 mm、宽1 mm)、一端固定且另一端自由的直梁,设材料弹性模量为2.10 GPa、泊松比为0.3,当在梁自由端逐渐增大沿 y 方向**横向**载荷到某一值时,梁会突然弯向 xz 平面,即发生侧向失稳,经有限元软件计算得其侧失稳临界载荷为0.24 N。

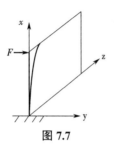

图 7.7

习　　题

7.1　试由压杆挠曲线近似微分方程,推导一端固定、另一端自由的细长压杆欧拉公式。

7.2　试由压杆挠曲线近似微分方程,推导两端固定的细长压杆的长度系数。

7.3　某型柴油机的挺杆长 l=257 mm,圆形横截面的直径 d=8 mm,两端都是球形铰支座,钢材的 E=210 GPa、σ_p=240 MPa,挺杆承受的最大压力 F=1.76 kN,规定 n_{st}=2~5。试校核挺杆的稳定性。

7.4　无缝钢管厂的穿孔顶杆如图所示,其杆长 l=4.5 m,横截面直径 d=150 mm,材料为低合金钢,E=210 GPa,σ_p=200 MPa,且两端可简化为铰支座,规定 n_{st}=3.3。试求顶杆的许可压力。

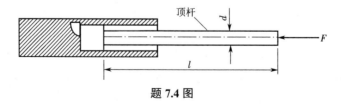

题 7.4 图

7.5　螺旋千斤顶的最大起重量 F=150 kN,丝杠长 l = 0.5 m,材料为45钢,E=210 GPa,规定稳定安全系数 n_{st} = 4.2。试求丝杠所允许的最小内直径。(提示:可采用试算法;约束简化为一端固定、一端自由;螺纹影响不计。)

7.6　三根圆截面压杆,直径均为 d=160 mm,材料为Q235钢,E=200 GPa,σ_p=200 MPa,

σ_s=240 MPa,且三杆均为两端铰支,长度分别为 l_1、l_2 和 l_3,且 $l_1=2l_2=4l_3$=5 m。试求各杆的临界压力 P_{cr}。

7.7　一木柱两端铰支,其横截面为 120 mm × 200 mm 的矩形,长度为 4 m,且木材的 $E=10$ GPa,$\sigma_p=20$ MPa。试求木柱的临界应力,计算临界应力的公式有:(1)欧拉公式;(2)直线公式 $\sigma_{cr}=28.7-0.19\lambda$。

7.8　某厂自制简易起重机如图所示,压杆 BD 为 20 号槽钢,材料为 Q235 钢,λ_1=100,λ_2=62,起重机的最大起重量 F=40 kN。若规定 n_{st}=5,试校核 BD 杆的稳定性。

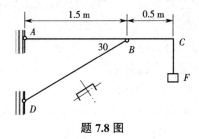

题 7.8 图

7.9　如图所示压杆的材料为 Q235 钢,$E=210$ GPa,在正视图的平面内,两端为铰支,在俯视图的平面内,两端视为固定。试求此杆的临界力。

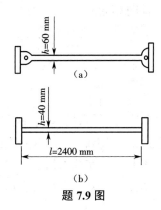

题 7.9 图

7.10　两端固定的管道长 2 m,内径 d=30 mm,外径 D=40 mm,材料为 Q235 钢,E=210 GPa,线膨胀系数 $\alpha_l=125\times10^{-7}$ ℃$^{-1}$。若安装时管道温度为 10 ℃,试求不引起管道失稳的最高温度。

7.11　压杆的一端固定、另一端自由,为提高其稳定性,在杆中间增加一铰支座。试求加强后压杆的欧拉公式,并与加强前的压杆比较。

第8章 动载荷

8.1 基本概念

以前讨论杆件的变形和应力计算时,认为载荷从零开始平缓地增加,载荷不随时间变化(或变化极其平稳、缓慢),以致在加载过程中,杆件各点的加速度很小,可以忽略不计,且载荷加到最终值后也不再变化,此载荷为静载荷。

在实际问题中,有些构件受到的载荷随时间急剧变化且使构件的速度有显著变化(系统产生惯性力),此类载荷为动载荷。如锻压气锤的锤杆、紧急制动的转轴等,在非常短暂的时间内速度发生急剧变化。此外,有些高速旋转的部件或加速提升的构件等,其质点的加速度变化明显,还有些构件因工作条件而发生振动等,这些情况也都属于动载荷。

构件在动载荷作用下产生的各种响应,如力、应力、应变、位移等都称为**动响应**。试验表明:在静载荷下服从胡克定律的材料,只要应力不超过比例极限,在动载荷下胡克定律仍成立,且动载荷下的弹性模量与静载荷时相同。

本章主要讨论构件有加速度的简单动应力计算问题和冲击载荷。

8.2 加速运动问题的动响应

对于加速度可以确定的简单动应力,可采用"动静法"求解。达朗伯原理认为:处于不平衡状态的物体,存在惯性力,惯性力的方向与加速度 a 方向相反,惯性力的数值等于加速度 a 与质量 m 的乘积。只要在物体上加上惯性力,就可以把动力学问题在形式上作为静力学问题来处理,这就是动静法。于是,以前关于应力和变形的计算方法,也可直接用于增加了惯性力的构件。

1. 直线运动构件的动应力

例如,如图 8.1(a)所示以匀加速度 a 上升的起重机丝绳,其长度为 l,有效横截面面积为 A,物体单位体积质量为 ρ,则杆件每单位长度的质量为 $A\rho$,相应的惯性力为 $A\rho a$,且方向向下。将惯性力加于杆件上,于是作用于杆件上的重力、惯性力和吊升力 F 组成平衡力系(图 8.1(b)),且杆件发生轴向拉伸变形。均布载荷的集度由两部分构成,即重力和惯性力的集度,因此有

$$q = A\rho g + A\rho a = A\rho g(1 + \frac{a}{g})$$

现求该杆任意一横截面上的内力和应力,在图 8.1(a)任意位置取截面 m—n,截面距下端距离为 x,取下半部分为研究对象,受力如图 8.1(c)所示。横截面的内力为

$$F_{Nd} = A\rho gx(1 + \frac{a}{g})$$

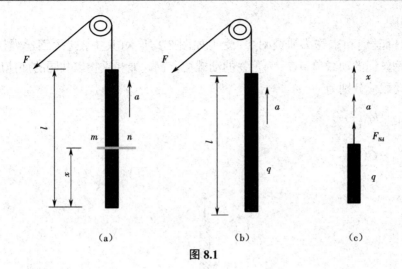

图 8.1

因此，m—n 横截面的动应力为

$$\sigma_{\mathrm{d}} = \frac{F_{\mathrm{Nd}}}{A} = \frac{A\rho gx(1+\dfrac{a}{g})}{A} = \rho gx(1+\frac{a}{g}) \tag{a}$$

当 $x=l$ 时，动应力达到最大值，最大动应力为

$$\sigma_{\mathrm{d\,max}} = \rho gl(1+\frac{a}{g})$$

当加速度 $a=0$ 时，由式（a）求得杆件在静载下的应力为

$$\sigma_{\mathrm{st}} = \rho gx$$

故，动应力 σ_{d} 可以表示为

$$\sigma_{\mathrm{d}} = \sigma_{\mathrm{st}}(1+\frac{a}{g}) \tag{b}$$

其中令

$$K_{\mathrm{d}} = 1+\frac{a}{g} \tag{c}$$

K_{d} 称为**动荷系数**，动荷系数等于动响应（力、应力、应变、变形等）与静响应（力、应力、应变、变形等）的比值。于是，式（b）可以写成

$$\sigma_{\mathrm{d}} = K_{\mathrm{d}}\sigma_{\mathrm{st}} \tag{d}$$

这表明，动应力等于静应力乘以动荷系数，且最大动应力为

$$\sigma_{\mathrm{d\,max}} = K_{\mathrm{d}}\sigma_{\mathrm{st\,max}}$$

因此，强度条件可以写成

$$\sigma_{\mathrm{d\,max}} = K_{\mathrm{d}}\sigma_{\mathrm{st\,max}} \leqslant [\sigma] \tag{e}$$

由于在动荷系数 K_{d} 中已经包含动载荷的影响，所以 $[\sigma]$ 即为静载下的许用应力。

例 8.1 起重机钢丝绳长 l=60 m，名义直径为 28 cm，有效横截面面积 A=2.9 cm²，单位长重量 q=25.5 N/m，$[\sigma]$ =300 MPa，以 a=2 m/s² 的加速度提起重 G=50 kN 的物体。试校核

钢丝绳的强度。

解　以钢丝绳和重物为研究对象,受力如图 8.2 所示,其中 F_{Nd} 为钢丝绳横截面的内力,G_{1d} 为钢丝绳的动载荷,G_{2d} 为重物的动载荷。钢丝绳和重物以共同的加速度 a 向上运动,二者的动载荷分别为

$$G_{\text{1d}} = lq(1 + \frac{a}{g})$$

$$G_{\text{2d}} = G(1 + \frac{a}{g})$$

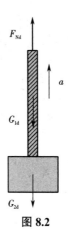

图 8.2

因为动载荷里已经包含惯性力,根据"动静法"得

$$F_{\text{Nd}} = (lq + G)(1 + \frac{a}{g})$$

因此,动应力为

$$
\begin{aligned}
\sigma_{\text{d}} = \frac{F_{\text{Nd}}}{A} &= \frac{1}{A}(lq + G)(1 + \frac{a}{g}) \\
&= \frac{1}{2.9 \times 10^{-4}}(25.5 \times 60 + 50 \times 10^{3})(1 + \frac{2}{9.8}) \\
&= 214\,\text{MPa} < [\sigma] = 300\,\text{MPa}
\end{aligned}
$$

故钢丝绳满足强度条件。

2. 转动构件的动应力

下面以在光滑水平面内匀速转动的小球为例说明转动构件动静法的应用。

例 8.2　设重为 G 的球装在长 l 的转臂端部,不计转臂自重,并以等角速度 ω 在光滑水平面上绕 O 点旋转,如图 8.3 所示。若已知许用应力 $[\sigma]$,试求转臂的横截面面积 A。

解　当小球在水平面内以匀角速度旋转时,在水平面内只受与法向加速度方向相反的惯性力 G_{G} 的作用(图 8.3),惯性力的大小为

$$G_{\text{G}} = ma_{\text{n}} = mR\omega^{2} = \frac{G}{g}l\omega^{2}$$

因此,转臂横截面上的动应力为

$$\sigma_d = \frac{G_G}{A} = \frac{\dfrac{G}{g}l\omega^2}{A} = \frac{Gl\omega^2}{Ag}$$

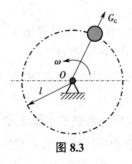

图 8.3

强度条件为

$$\sigma_d = \frac{Gl\omega^2}{Ag} \leqslant [\sigma]$$

所以,转臂的横截面面积为

$$A \geqslant \frac{Gl\omega^2}{g[\sigma]}$$

8.3 冲击载荷问题的动响应

锻造时,锻锤在与锻件接触的非常短的时间内,速度发生很大变化,这种现象称为冲击。实际工程中的冲击问题很多,如高速转动的飞轮或砂轮突然刹车、重锤打桩、用铆钉枪进行铆接等都属于冲击问题。在上述例子中,飞轮、重锤、铆钉都属于冲击物,而固连飞轮的轴、被打的桩和被铆接的物体都属于受冲击构件。在冲击物与受冲击构件的接触区域内,应力状态异常复杂,且冲击持续时间非常短促,接触力随时间的变化难以准确分析。工程中通常采用能量法来解决冲击问题,即在若干假设的基础上,根据能量守恒定律对受冲击构件的应力与变形进行偏于安全的简化计算。

现以简支梁受重物 Q 冲击为例进行分析,如图 8.4 所示。首先对整个冲击系统作如下假设:①假设冲击物为刚体,被冲击物质量不计;②冲击物不反弹;③不计冲击过程中的声、光、热、塑性变形等能量损耗(能量守恒);④冲击过程为线弹性变形过程(保守计算);⑤ Q 叫冲击物,梁叫被冲击物。整个冲击系统的能量包括系统的动能 T、势能 V、变性能 U,冲击前后能量守恒,故有

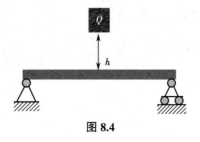

图 8.4

$$T_1 + V_1 + U_1 = T_2 + V_2 + U_2 \qquad\qquad (a)$$

最大的冲击效应是冲击后动能为零,即 $T_2 = 0$,冲击力的变形能为

$$U_2 = \frac{1}{2} F_d \Delta_d$$

根据上一节指出的动响应等于动荷系数乘以静响应,可以得到

$$F_d = K_d F_{st} \qquad \Delta_d = K_d \Delta_{st} \qquad \sigma_d = K_d \sigma_{st} \qquad\qquad (b)$$

式中:F_d, Δ_d, σ_d 分别表示动载荷、动位移和动应力;而 $F_{st}, \Delta_{st}, \sigma_{st}$ 分别表示静载荷、静位移和静应力。

由式(b)可以看出,想要求出各种冲击载荷下的动响应,只要求出不同冲击载荷下的动荷系数,然后乘以静载荷下对应的静响应即可。可见冲击载荷问题下,动荷系数的确定非常关键。现在分别讨论不同冲击状态下动荷系数的表达形式。

1. 轴向自由落体冲击问题

假设冲击物的质量为 m,被冲击物为一立柱,冲击物距被冲击物立柱的距离为 h,物体以速度 v 冲击立柱,冲击后的动位移为 Δ_d,如图 8.5 所示。以被冲击前立柱顶端为势能的零点,冲击前系统的动能、势能、变形能分别为

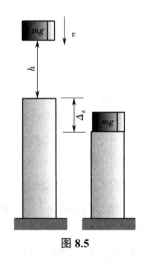

图 8.5

$$T_1 = \frac{mv^2}{2} \quad V_1 = mgh \quad U_1 = 0$$

冲击后系统的动能、势能、变形能分别为

$$T_2 = 0 \quad V_2 = -mg\Delta_d \quad U_2 = \frac{1}{2} F_d \Delta_d$$

根据冲击前后系统能量守恒,由式(a)得

$$\frac{mv^2}{2} + mgh + 0 = 0 - mg\Delta_d + \frac{1}{2} F_d \Delta_d$$

根据式(b)有

$$F_d = K_d F_{st} = K_d mg$$

$$\Delta_d = K_d \Delta_{st}$$

代入上式,整理得

$$\frac{mv^2}{2}+mg(h+K_d\varDelta_{st})=\frac{mg}{2}K_d^2\varDelta_{st} \tag{c}$$

求解式(c)得到 K_d 的表达式为

$$K_d=1+\sqrt{1+\frac{v^2/g+2h}{\varDelta_{st}}} \tag{8.1}$$

(1)当物体作自由落体时,速度 $v=0$,所以

$$K_d=1+\sqrt{1+\frac{2h}{\varDelta_{st}}} \tag{8.2}$$

(2)当为突变载荷时,$v=0$,$h=0$,所以

$$K_d=2$$

2. 不计重力的轴向冲击问题

如图 8.6 所示为一悬臂梁被质量为 m 的重物以速度 v 水平冲击,假设水平位置为势能的零点。冲击前系统的动能、势能、变形能分别为 T_1、V_1、U_1;冲击后系统的动能、势能、变形能分别为 T_2、V_2、U_2,且其表达式为

图 8.6

$$U_1=0 \qquad U_2=\frac{1}{2}F_d\varDelta_d$$

$$V_1=0 \qquad V_2=0$$

$$T_1=\frac{mv^2}{2} \qquad T_2=0$$

同样,根据冲击前后系统能量守恒,由式(a)得

$$\frac{mv^2}{2}=\frac{1}{2}F_d\varDelta_d$$

同时,

$$F_d=K_dF_{st}=K_dmg$$

$$\varDelta_d=K_d\varDelta_{st}$$

所以有

$$\frac{mv^2}{2}=\frac{mg}{2}K_d^{\,2}\varDelta_{st} \tag{d}$$

求解式(d),得

$$K_d=\sqrt{\frac{v^2}{g\varDelta_{st}}} \tag{8.3}$$

从式(8.1)、式(8.3)和式(b)可以看出,在冲击问题中,如果能增大静位移 $\varDelta_{st}$,就可以降

低冲击载荷和冲击应力。这是因为静位移的增大表示构件较为柔软,因而能更多地吸收冲击物的能量。但是,增加静变形应尽可能地避免增加静应力 σ_{st},否则降低了动荷系数却又增加了静应力,结果动应力未必会降低。汽车大梁与轮轴之间安装叠板弹簧,火车车厢架与轮轴之间安装压缩弹簧,某些机器或零件上加有橡皮坐垫或垫圈,都是为了既提高静变形 $\varDelta_{st}$,又不改变构件的静应力。这样可以显著降低冲击应力,起到很好的缓冲作用。又如把承受冲击的汽缸盖螺栓,由短螺栓改为长螺栓,增加了螺栓的静变形,降低了动荷系数,就可以提高抗冲击能力。

上述方法忽略了能量的损失。事实上,冲击物所减少的动能和势能不可能全部转变为受冲击构件的应变能,所以按上述方法算出的受冲击构件的应变能的数值偏高,结果偏于安全。

3. 梁的冲击问题

如图 8.7(a)所示冲击系统为一简支梁,受到重物的冲击作用,冲击点为 C 点。冲击变形后梁的挠曲线如图 8.7(b)所示,假设冲击点 C 的动位移为 $\varDelta_d$,物体的冲击速度为 v,冲击高度为 h,且物体冲击后的 C 点为势能零点,在以上给定假设的基础上利用能量守恒进行计算。冲击前的动能、势能、变形能分别为:

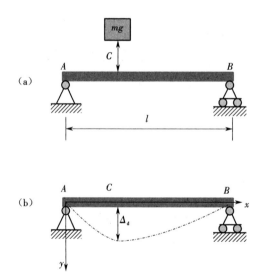

图 8.7

$$T_1 = \frac{mv^2}{2} \qquad V_1 = mg(h + \varDelta_d) \qquad U_1 = 0$$

冲击变形后的动能、势能、变形能分别为:

$$T_2 = 0 \qquad V_2 = 0 \qquad U_2 = \frac{1}{2}F_d\varDelta_d$$

由式(a)得

$$\frac{1}{2}mv^2 + mg(h + \varDelta_d) + 0 = 0 + 0 + \frac{1}{2}F_d\varDelta_d \tag{e}$$

其中

将式(f)代入 U_2 的表达式,得

$$U_2 = \frac{1}{2}F_d\Delta_d = \frac{1}{2}K_d^2 \cdot mg \cdot \Delta_{st} = \frac{1}{2}\frac{mg}{\Delta_{st}}\Delta_d^2 \tag{g}$$

将式(g)代入式(e)得

$$\frac{1}{2}mv^2 + mg(h+\Delta_d) = \frac{1}{2}\frac{mg}{\Delta_{st}}\Delta_d^2 \tag{h}$$

求解式(h),得

$$\Delta_d = (1 + \sqrt{1 + \frac{v^2/g + 2h}{\Delta_{st}}})\Delta_{st} = K_d\Delta_{st}$$

因此,动荷系数为

$$K_d = \frac{\Delta_d}{\Delta_{st}} = 1 + \sqrt{1 + \frac{v^2/g + 2h}{\Delta_{st}}} \tag{8.4}$$

(1)当物体作自由落体时,$v=0$,动荷系数为

$$K_d = 1 + \sqrt{1 + \frac{2h}{\Delta_{st}}} \tag{8.5}$$

式中:Δ_{st} 表示梁在静载荷作用下对应载荷作用点处的静挠度。

(2)当为突变载荷时,动荷系数为

$$K_d = 2$$

例 8.3 如图 8.8 所示直径 $D=0.3$ m、长度 $l=6$ m 的木桩受自由落锤冲击,落锤重 $W=5$ kN,落锤距木桩的冲击高度 $h=1$ m,木桩的弹性模量 $E=10$ GPa。试求桩的最大动应力。

解 (1)求静位移。

本题的静变形是将物体直接放在木桩上后,由于物体的重力而使木桩发生压缩变形产生的位移。根据轴向拉压时变形的计算公式,有

$$\Delta_{st} = \frac{F_N l}{EA} = \frac{Wl}{EA} = \frac{5 \times 10^3 \times 6}{10 \times 10^9 \times \dfrac{3.14 \times 0.3^2}{4}} = 0.042 \text{(mm)}$$

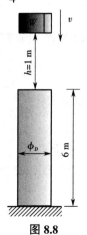

图 8.8

（2）求动荷系数。

重锤发生自由落体，$v=0$，利用式（8-2）计算系统的动荷系数，有

$$K_d = 1 + \sqrt{1 + \frac{2h}{\Delta_{st}}} = 1 + \sqrt{1 + \frac{2 \times 1}{0.042 \times 10^{-3}}} = 218.2$$

（3）求动应力。

由式（b）知动应力等于动荷系数乘以静应力，因此有

$$\sigma_d = K_d \sigma_{st}$$

根据轴向压缩变形求静应力，有

$$\sigma_{st} = \frac{F_N}{A} = \frac{W}{A} = \frac{5 \times 10^3}{\dfrac{3.14 \times 0.3^2}{4}} = 0.071\,\text{MPa}$$

将 K_d 和 σ_{st} 代入动应力的公式便可求出木桩的最大动应力为

$$\sigma_d = K_d \sigma_{st} = 218.2 \times 0.071 = 15.49\,\text{MPa}$$

例 8.4　其结构如图 8.9（a）所示，AB 和 DE 两梁的材料相同，横截面面积相同，设两梁的弹性模量为 E，惯性矩为 I，$AB=DE=l$，A、C 分别为 DE 和 AB 梁的中点。试求梁在重物 mg 的冲击下，C 截面的动应力。

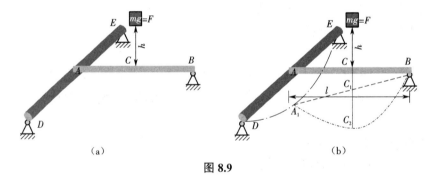

（a）　　　　　　　　　　　　　　　　（b）

图 8.9

解　该结构属于复合结构，相当于两根简支梁。当在 AB 梁的 C 点受集中力作用发生弯曲变形的同时，A 点处的约束反力作用在 DE 梁的中点，使 DE 梁也发生弯曲变形，故 C 点处的静挠度由两部分组成，一部分是随 DE 梁弯曲变形后产生的挠度 CC_1，另一部分是梁 AB 弯曲后产生的挠度 C_1C_2，如图 8.9（b）所示。所以，C 点的静挠度可表示为

$$\Delta_{st} = \frac{\Delta_{CC_1}}{2} + \Delta_{C_1C_2}$$

其中，Δ_{CC_1} 和 $\Delta_{C_1C_2}$ 分别为简支梁中间受集中力作用而产生的挠度，且由平衡方程可知 A 处的约束反力为 $mg/2$，经查表得

$$\Delta_{CC_1} = \frac{F_A l^3}{48EI} = \frac{mgl^3}{96EI} \qquad \Delta_{C_1C_2} = \frac{mgl^3}{48EI}$$

因此，代入上式得 C 点的静挠度为

$$\Delta_{st} = \frac{5mgl^3}{192EI}$$

所以,动荷系数为

$$K_d = 1 + \sqrt{1 + \frac{2h}{\Delta_{st}}}$$

$$= 1 + \sqrt{1 + \frac{2h}{\frac{5mgl^3}{192EI}}} = 1 + \sqrt{1 + \frac{384EIh}{5mgl^3}}$$

C 截面的动应力为

$$\sigma_{Cd} = K_d \sigma_{Cst}$$

其中,σ_{Cst} 表示 C 截面处的静应力,即为简支梁 AB 在 C 截面处受集中力 mg 作用而产生的应力,根据弯曲梁正应力的计算公式,知

$$\sigma_{Cst} = \frac{M_C}{W_z} = \frac{mgl\Big/4}{W_z} = \frac{mgl}{4W_z}$$

因此,可以求出 C 截面的动应力为

$$\sigma_{Cd} = K_d \sigma_{Cst} = (1 + \sqrt{1 + \frac{384EIh}{5mgl^3}}) \frac{mgl}{4W_z}$$

习　　题

8.1　如图所示 AB 杆下端固定,长度为 l,在 C 点受到水平运动物体的冲击,物体的重量为 F,与杆件接触时的速度为 v。设杆件的弹性模量 E、惯性矩 I 及抗弯截面模量 W 均为已知量。试求 AB 杆的最大正应力。

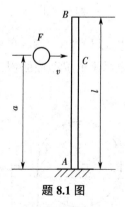

题 8.1 图

8.2　如图所示 10 号工字梁的 C 端固定,A 端铰支于空心钢管 AB 上,钢管的内径和外径分别为 30 mm 和 40 mm,B 端亦为铰支,梁及钢管同为 Q235 钢,规定稳定安全系数 $n_{st}=2.5$。当重为 300 N 的重物落于梁的 A 端时,试校核 AB 杆的稳定性。

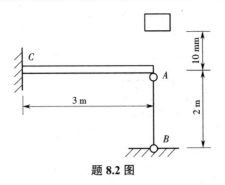

题 8.2 图

8.3　如图所示直径 d=400 mm、长 l=6 m 的圆木桩,下端固定,上端受重 W=3 kN 的重锤作用,材料的 E=10 GPa。试求下列两种情况下木桩内的最大正应力:(1)重锤以静载荷的方式作用于木桩上;(2)重锤以离桩顶 h=0.6 m 的高度自由落下。

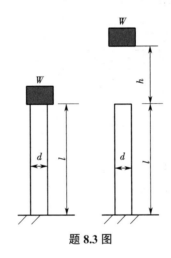

题 8.3 图

8.4　如图所示重量为 F 的物体,以匀速 v 下降,当吊索长度为 l 时,制动器刹车,起重卷筒以等减速在 t 秒后停止转动。设吊索的横截面面积为 A,弹性模量为 E。试求动荷系数 K_d。

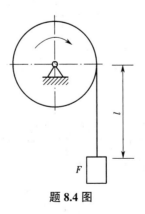

题 8.4 图

8.5　如图所示 16 号工字钢梁右端置于弹簧上,弹簧常数 k=0.8 kN/mm,梁弹性模量

E=200 GPa，$[\sigma]$=160 MPa，重物 W=5 kN 自由下落。试求许可下落高度 H。

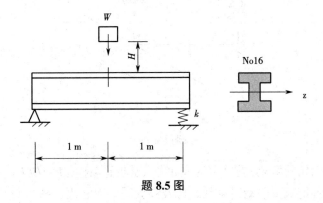

题 8.5 图

8.6 如图所示质量为 m 的重球，以速度 v 自左向右水平冲击抗弯刚度为 EI 的梁，其抗弯截面系数为 W_z。试：（1）求梁内的最大弯曲正应力 σ_{max}；（2）当冲击点沿梁的长度方向改变时，梁内的 σ_{max} 值和位置有何变化？

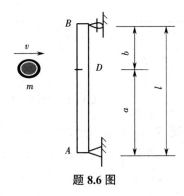

题 8.6 图

8.7 如图所示重为 W 的重物自由落下冲击钢架，钢架各杆的 EI 均相同。试求 A 点的沿铅垂方向的位移。（不计轴力影响）

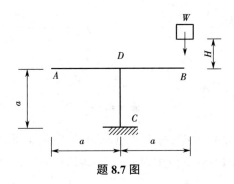

题 8.7 图

8.8 如图所示矩形截面的悬臂梁 AB 和简支梁 CD 的材料及截面形状尺寸均相同，AB 梁的 B 端置于 CD 梁的中点。现有一重量为 W 的重物在 B 处上方高度为 H 处自由下落。试求梁中的最大动应力 σ_{dmax}。设材料的弹性模量 E 及 b、h、l、H 均为已知。

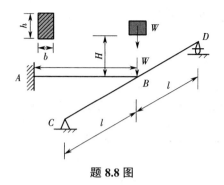

题 **8.8** 图

8.9　如图所示相同两梁,受自由落体冲击,已知弹簧刚度 $k=3EI/l^3$。如 h 远大于冲击点的静挠度,试求两种情况下的动荷系数之比及最大动应力之比。

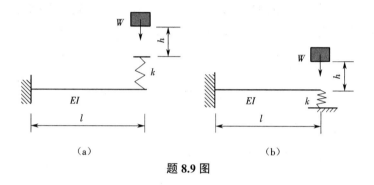

（a）　　　　　　　　　　　　　（b）

题 **8.9** 图

8.10　如图所示两根悬臂梁,其弯曲截面系数均为 W_z,区别在于图(b)梁在 B 处有一弹簧,重物 F 自高度 h 处自由下落。若动荷系数为 K_d,试回答:(1)哪根梁的动荷系数较大,为什么;(2)哪根梁的冲击应力大,为什么。

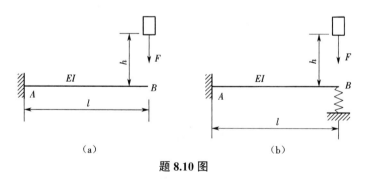

（a）　　　　　　　　　　　　　（b）

题 **8.10** 图

8.11　如图所示自由落体冲击,冲击物重量为 F,离梁顶面的高度为 h_0,梁的跨度为 l,矩形截面尺寸为 $b \times h$,材料的弹性模量为 E。试求梁的最大挠度。

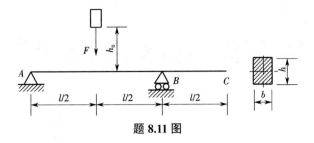

题 8.11 图

8.12 如图所示平面结构,重物 W=10 kN 从距离梁 40 mm 的高度自由下落至 AB 梁中点 C,梁 AB 为工字形截面,$I_z=15\,760\times10^{-8}\,\text{m}^4$,杆 BD 的两端为球形铰支,长度 l=2 m,采用 b=5 cm、h=12 cm 的矩形截面,且梁与杆的材料均为 A3 钢,E=200 GPa,σ_p=200 MPa,σ_s=235 MPa,a=304 MPa,b=1.12 MPa,n_{st}=3。试问杆 BD 是否安全。

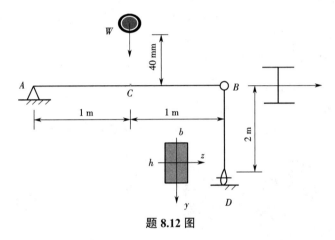

题 8.12 图

8.13 如图所示两相同梁 AB、CD,自由端间距 $\delta=Wl^3/(3EI)$。当重为 W 的物体突然加于 AB 梁的 B 点时,试求 CD 梁 C 点的挠度。

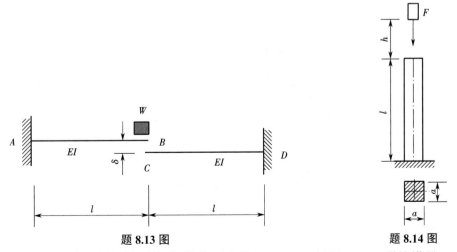

题 8.13 图 　　　　　　　题 8.14 图

8.14 如图所示方形钢杆的截面边长 a=50 mm,杆长 l=1 m,弹性模量 E=200 GPa,比例极限 σ_p=200 MPa,F=1 kN。试按稳定条件计算允许冲击高度 h 值。

第9章　超静定问题简介

9.1　概述

9.1.1　超静定结构的基本概念

1. 超静定结构

在前面章节中讲到的结构都可以通过静力平衡方程求得全部的支座约束力和内力,称这类结构为静定结构。但是在实际问题中,有些结构的支座约束力和内力仅用静力平衡方程是不能全部确定的,把这类结构称为静不定结构或超静定结构。

如图 9.1(b)所示结构,是对装有尾顶针的车削工件(图 9.1(a))简化的力学模型,梁的左端简化为固定端,右端尾顶针简化为铰支座,其约束力和主动力构成平面一般力系,只能列出 3 个静力平衡方程,不能求出全部的 4 个约束力(偶),这种结构称为外力超静定结构。

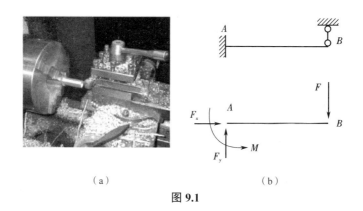

（a）　　　　　　　　　　（b）

图 9.1

再如图 9.2(a)所示桁架结构,虽然 A,B 处的约束力可以求出,但由静力平衡方程不能确定杆件的内力。这种结构称为内力静不定结构。

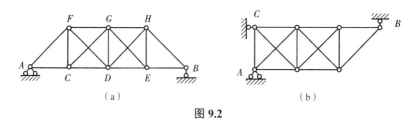

（a）　　　　　　　　　　（b）

图 9.2

既有外力超静定又有内力超静定的结构称为混合超静定结构,如图 9.2(b)所示。

2. 多余约束与超静定次数

在超静定结构中都存在多于维持结构平衡所必需的杆件或支座,如图 9.2(a)中的杆 CG、DH,图 9.2(b)中的支座 B,习惯上将其称为多余约束,与多余约束相对应的约束力称为多余约束力。由于多余约束的存在,未知力的数目必然多于独立的静力平衡方程的数目,两者的差值称为超静定次数,超静定次数为 n 的结构称为 n 次超静定结构。如图 9.2(b)所示结构为 3 次超静定结构。

去除多余约束后的静定系统称为基本静定体系,在基本静定体系上加上主动载荷和多余约束力的系统称为原系统的相当系统。仍以图 9.1 为例,以 B 端的铰支座为多余约束,则图 9.3(a)所示悬臂梁为基本静定体系,图 9.3(b)所示为原系统的相当系统。基本静定体系可以有不同的选择,不是唯一的。若以 A 处的约束力偶作为多余约束,则基本静定体系为如图 9.3(c)所示简支梁。

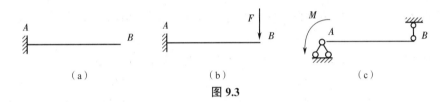

图 9.3

需要说明的是,多余约束只是对结构保持平衡和几何不变性而言的,实际上并不多余。工程上利用这些"多余"约束可以提高结构的强度和刚度。如车削细长工件时,加上尾顶针约束,可以有效减小工件的变形。

9.1.2　超静定结构的解法

求解超静定结构,必须建立与未知力个数相等的平衡方程。因此,除了建立静力平衡方程外,还必须建立补充方程,且补充方程的个数要与超静定次数相同。由于多余约束的存在,杆件(或结构)的变形(或位移)受到了多于静定结构的附加限制,称为变形协调条件。首先,根据变形协调条件,建立附加的变形协调方程。其次,建立力与变形或位移之间的物理关系,即物理方程或本构方程。再次,将物理关系代入变形协调方程,便可得到补充方程。最后,将静力平衡方程与补充方程进行联立求解,即可解出全部未知力。这就是综合考虑静力平衡条件、变形协调条件和物理关系 3 个方面,求解超静定结构的方法。

9.2　简单拉压超静定问题

以如图 9.4(a)所示三杆桁架为例,若要求各杆的内力,以节点 A 为研究对象,由图 9.4(b)的受力图可以列出节点 A 的静力平衡方程为

$$\sum F_x = 0 \quad (F_{N1} - F_{N2})\sin\alpha = 0$$
$$\sum F_y = 0 \quad (F_{N1} + F_{N2})\cos\alpha + F_{N3} - F = 0$$

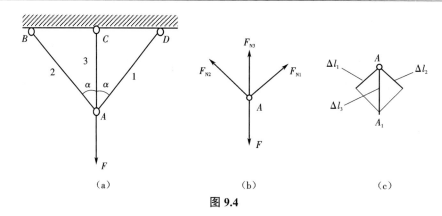

图 9.4

这里的静力平衡方程有两个，但未知力有三个，只由静力平衡方程不能求得全部轴力，所以是超静定问题。

为了求解超静定问题，在静力平衡方程之外，还必须根据结构的变形协调关系，建立补充方程。

假设图中的 1、2 两杆的抗拉刚度相等，桁架变形是对称的，如图 9.4(c)所示，Δl_1 和 Δl_2 分别为杆 1 和杆 2 的伸长量，结构由于杆 1、2 的伸长，节点 A 将位移到 A_1，根据变形协调关系，杆 3 也要位移到点 A_1，AA_1 即是杆 3 的伸长 Δl_3。因此，可得几何关系为

$$\Delta l_1 = \Delta l_3 \cos \alpha$$

这是 1、2、3 三根杆的变形必须满足的关系，只有满足了这一关系，它们才可能在变形后仍然在节点 A_1 联系在一起，变形才是协调的。这种几何关系称为**变形协调关系**。如果再代入胡克定律，同时考虑杆长的几何关系，有

$$\Delta l_1 = \Delta l_2 = \frac{F_{N1}l_1}{E_1 A_1} \qquad \Delta l_3 = \frac{F_{N3}l_3}{E_3 A_3} \qquad l_3 = l_1 \cos \alpha$$

就可以得到**补充方程**，即

$$\frac{F_{N1}l_1}{E_1 A_1} = \frac{F_{N3}l_1 \cos \alpha}{E_3 A_3} \cdot \cos \alpha$$

最后，联立平衡方程和补充方程，就可求得三根杆的内力分别为

$$F_{N1} = F_{N2} = \frac{F \cos^2 \alpha}{2 \cos^3 \alpha + \frac{E_3 A_3}{E_1 A_1}} \qquad F_{N3} = \frac{F}{1 + 2 \frac{E_1 A_1}{E_3 A_3} \cos^3 \alpha}$$

从计算结果可以看出，各杆的内力与其自身的拉伸刚度有关。

在求解超静定问题时，还必须注意，由于建立平衡方程时尚不知内力的实际方向，所以确定变形协调关系时，变形一定要与受力分析时内力的假设方向一致。

例 9.1　如图 9.5 所示结构是用同一材料的三根杆组成的，三根杆的横截面面积分别为 $A_1=200 \text{ mm}^2$、$A_2=300 \text{ mm}^2$ 和 $A_3=400 \text{ mm}^2$，载荷 $F=40 \text{ kN}$。试求各杆横截面上的应力。

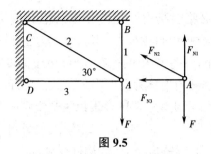

图 9.5

解（1）列平衡方程。取 A 为研究对象，受力分析可见作用在铰 A 上的是一个平面汇交力系，由此可列以下平衡方程：

$$\sum F_x = 0 \quad -F_{N2}\cos 30° - F_{N3} = 0$$
$$\sum F_y = 0 \quad F_{N1} + F_{N2}\sin 30° - F = 0$$

（2）计算三根杆的变形。由虎克定律可得

$$\Delta l_1 = \frac{F_{N1}l_1}{EA_1} \quad \Delta l_2 = \frac{F_{N2}l_2}{EA_2} \quad \Delta l_3 = \frac{F_{N3}l_3}{EA_3}$$

$$l_1 = l_2 \sin 30°, \quad l_3 = l_2 \cos 30°$$

（3）建立变形协调关系，如图 9.6 所示。

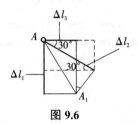

图 9.6

$$\Delta l_1 = \Delta l_2 \sin 30° + (\Delta l_2 \cos 30° - \Delta l_3)\cot 30°$$

（4）列补充方程：

$$\frac{F_{N1}l_2 \sin 30°}{EA_1} = \frac{F_{N2}l_2}{EA_2}(\sin 30° + \cos 30° \cdot \cot 30°) - \frac{F_{N3}l_2 \cos 30°}{EA_3}\cot 30°$$

（5）求内力，联立平衡方程和变形协调方程求解得

$$F_{N1} = 35.52 \text{ kN} \quad F_{N2} = 8.96 \text{ kN} \quad F_{N3} = -7.76 \text{ kN}$$

（6）求各杆的应力

$$\sigma_1 = \frac{F_{N1}}{A_1} = 177.6 \text{ MPa}$$

$$\sigma_2 = \frac{F_{N2}}{A_2} = 29.87 \text{ MPa}$$

$$\sigma_3 = \frac{F_{N3}}{A_3} = -19.4 \text{ MPa}(压)$$

另外，在工程实际中，超静定结构还有温度应力和装配应力问题。

在工程实际中，结构物或其部分杆件往往会遇到温度变化（如工作条件中的温度改变或季节的更替），而温度变化必将引起构件的热胀或冷缩，致使构件形状或尺寸发生改变。对于静定结构，由于结构各部分可以自由变形，当温度均匀变化时，并不会引起构件内力的变化。但对于超静定结构，由于多余约束的存在，杆件由于温度变化所引起的变形受到限制，从而在杆中将产生内力，这种内力称为温度内力，与之相应的应力称为温度应力。在求解温度应力时，应同时考虑由温度变化引起的变形以及与温度内力相应的弹性变形。

温度变化将引起物体的膨胀或收缩。在静定结构中，构件可以自由变形，当温度均匀变化时，不会引起构件的内力。但是超静定结构的构件受到部分或全部约束，不能自由变形，当温度变化时往往就要引起内力。这种因为温度的改变而引起的超静定结构中构件内部的应力，称为**热应力**或**温度应力**。

例 9.2   如图 9.7 所示的 AB 杆两端固定，横截面面积为 A，材料的拉压弹性模量为 E，线膨胀系数为 α，常温时杆内没有应力。试求当材料温度升高 Δt 时，杆内的温度应力。

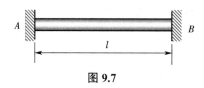

图 9.7

解   （1）分析 AB 杆受力，如图 9.8 所示。列出平衡方程：

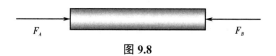

图 9.8

$$F_A - F_B = 0$$

（2）计算变形，由胡克定律可得

$$\Delta l = \frac{F_N l}{EA} = \frac{F_A l}{EA}$$

$$\Delta l_t = \alpha l \Delta t$$

（3）变形协调关系，杆件两端固定，其长度不能改变，所以因温度升高而引起的伸长量等于两端受压后的缩短量，即

$$\Delta l = \Delta l_t$$

（4）列补充方程：

$$\frac{F_N l}{EA} = \alpha l \Delta t$$

（5）求杆内应力：

$$\sigma = \frac{F_N}{A} = E\alpha\Delta t$$

与温度应力的形成相似，构件在制造时，其尺寸难免会出现与设计要求不相符、存在微小误差的情形。这种构件在装配时，若是组成静定结构，则不会引起附加的内力；若是组成超静定结构，由于有了多余约束，必将产生附加的内力，这种由尺寸的微小误差造成构件在

装配时产生的附加内力称为装配内力,与之相应的应力则称为装配应力。求解装配应力的关键仍是根据变形协调方程得到补充方程。

例 9.3 如图 9.9 所示结构,三根杆的材料和横截面面积均相同。若已知杆件的弹性模量为 E,横截面面积为 A,1、2 杆的杆长为 l,3 杆的杆长为 $l\cos\alpha$。加工时 3 杆有加工误差,比规定尺寸短了 δ,试求结构装配后各杆的内力。

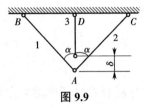

图 9.9

解 (1)分析 A 的受力,如图 9.10 所示。装配后,假设 1、2 杆受拉,3 杆受压,并列出平衡方程:

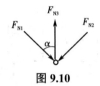

图 9.10

$$\sum F_x = 0 \qquad (F_{N1} - F_{N2})\sin\alpha = 0$$
$$\sum F_y = 0 \qquad -(F_{N1} + F_{N2})\cos\alpha + F_{N3} = 0$$

(2)求出各杆的变形:

$$\Delta l_1 = \frac{F_{N1}l_1}{EA_1} \qquad \Delta l_2 = \frac{F_{N2}l_2}{EA_2} \qquad \Delta l_3 = \frac{F_{N3}l_3}{EA_3}$$

$$l_1 = l_2 \qquad l_3 = l_1\cos\alpha$$

(3)变形协调关系,如图 9.11 所示。

图 9.11

$$\Delta l_3 + \frac{\Delta l_1}{\cos\alpha} = \delta$$

(4)列补充方程

$$\frac{F_{N3}l_1\cos\alpha}{EA} + \frac{F_{N1}l_1}{EA\cos\alpha} = \delta$$

（5）求内力。联立平衡方程和补充方程求解得

$$F_{N1} = F_{N2} = \left(\delta - \frac{2\delta \cos^3 \alpha}{1 + 2\cos^3 \alpha} \right) \frac{EA}{l}$$

$$F_{N3} = \frac{2\delta \cos^2 \alpha}{1 + 2\cos^3 \alpha} \frac{EA}{l}$$

1、2 二杆受压，3 杆受拉。

9.3 扭转超静定问题

扭转超静定问题的解法，同样是需要综合考虑静力平衡、变形、物理 3 个方面。下面通过例题来说明其解法。

例 9.4 如图 9.12（a）所示两端固定的圆截面等直杆 AB，在截面 C 处受扭转力偶矩 M_e 作用，已知杆的扭转刚度为 GI_p。试求杆两端的反力偶矩以及 C 截面的扭转角。

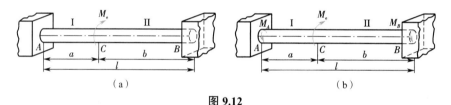

图 9.12

解 （1）有两个未知的反力偶矩 M_A、M_B，但只有一个独立的静力平衡方程，故为一次超静定问题，如图 9.12（b）所示。建立平衡方程：

$$\sum M_i = 0 \qquad M_A + M_B - M_e = 0$$

（2）变形协调方程。对于一次超静定结构，需建立一个变形协调方程。由题可知，轴的两端固定，故两端截面的相对扭转角为零，即

$$\varphi_{AB} = 0 \qquad \varphi_{AC} + \varphi_{CB} = 0$$

（3）物理方程：

$$\varphi_{AC} = \frac{-M_A a}{GI_p} \qquad \varphi_{CB} = \frac{M_B b}{GI_p}$$

将物理方程代入变形协调方程，得

$$-\frac{M_A a}{GI_p} + \frac{M_B b}{GI_p} = 0$$

（4）联立平衡方程，求得

$$M_A = \frac{M_e b}{l} \qquad M_B = \frac{M_e a}{l}$$

结果为正，说明图示反力偶矩的假设转向与实际转向相同。

（5）计算 C 截面的扭转角：

$$\varphi_{CA} = \frac{M_A a}{GI_p} = \frac{M_e ab}{GI_p l}$$

9.4　简单超静定梁

　　求解超静定梁,同样是综合考虑静力平衡、变形、物理 3 个方面。其关键问题是求解多余约束力。具体求解时,首先要将梁的某处支座看作"多余"约束;然后将其解除,并在该处施加与解除的约束相对应的未知反力。如图 9.13(a)所示结构,若将其右端的铰支座看作是"多余"约束,将其解除,代之以未知反力 F_B,得到如图 9.13(b)所示的静定悬臂梁,即原系统的相当系统。解除多余约束的方法不同,则基本静定体系也不同,即相当系统不唯一。

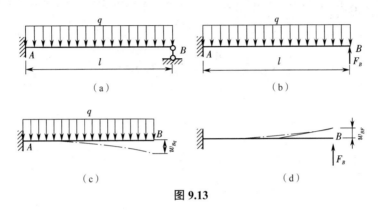

图 9.13

　　相当系统在均布载荷 q 与多余未知力 F_B 的共同作用下发生变形,为使其变形完全等同于原超静定梁,多余约束处的位移就必须满足原超静定梁在该处的约束条件,也就是变形协调条件,若以 w_{Bq} 和 w_{BF} 分别表示 q 与多余未知反力 F_B 各自单独作用时 B 端的挠度(图9.13(c)和(d)),即

$$w_B = w_{Bq} + w_{BF} = 0 \tag{9.1}$$

梁在简单载荷作用下的变形查表 5-2 得

$$w_{Bq} = -\frac{ql^4}{8EI} \qquad w_{BF} = \frac{F_B l^3}{3EI}$$

将上述物理关系代入式(9.1)可得到补充方程

$$w_B = -\frac{ql^4}{8EI} + \frac{F_B l^3}{3EI} = 0$$

可解得

$$F_B = \frac{3ql}{8}$$

所得结果为正,说明所设支反力 F_B 的方向正确。

　　多余支反力确定后,由平衡方程 $\sum F_y = 0$ 和 $\sum M_A = 0$ 可求出 A 截面的约束力和约束力偶矩分别为

$$F_{Ay} = \frac{5ql}{8} \qquad M_A = \frac{ql^2}{8}$$

上述用变形叠加法求解超静定梁的方法,称为变形比较法,下面将分析方法和计算步骤

归纳如下：

（1）判定梁的超静定次数；

（2）解除多余约束，代之以相应的未知反力，得到原超静定梁的相当系统；

（3）建立多余约束处的变形协调条件；

（4）分别计算多余约束处由已知外载荷和未知反力产生的位移，并根据变形协调条件建立补充方程，解出未知反力；

（5）由相当系统计算原超静定梁的约束反力、内力、应力和位移等。

例 9.5　如图 9.14（a）所示刚度为 EI 的两端固定的梁 AB，承受均布载荷 q 的作用。试确定固定端的约束力。

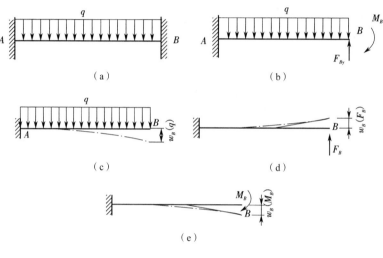

图 9.14

解　（1）判定梁的超静定次数。假设 A、B 两端的约束力分别为 F_{Ax}，F_{Ay}，M_A 和 F_{Bx}，F_{By}，M_B 共 6 个未知量，而平面力系只有 3 个独立的平衡方程，所以超静定的次数为 3，即有 3 个多余约束力。

根据小变形的概念，梁在垂直于其轴线的载荷作用下，其水平位移相对于挠度而言，可以忽略不计。因此，固定端约束将不产生水平约束力，即

$$F_{Ax}=F_{Bx}=0$$

（2）解除 B 端的多余约束，代之以未知反力，得到如图 9.14（b）所示的原超静定梁的相当系统。

（3）建立变形协调方程。由于 B 端的挠度与转角都为零，即 $w_B=0$，$\theta_B=0$，而 w_B 和 θ_B 由 q、F_{By}、M_B 所引起（图 9.14（c）、（d）和（e）），即

$$w_B = w_B(q) + w_B(M_B) + w_B(F_{By})$$

$$\theta_B = \theta_B(q) + \theta_B(M_B) + \theta_B(F_{By})$$

梁在简单载荷作用下的变形查表 5-2 得

$$w_B(q)=-\frac{ql^4}{8EI} \quad w_B(M_B)=-\frac{M_B l^2}{2EI} \quad w_B(F_{By})=\frac{F_B l^3}{3EI}$$

$$\theta_B(q) = -\frac{ql^3}{6EI} \quad \theta_B(M_B) = -\frac{M_Bl}{2EI} \quad \theta_B(F_{By}) = \frac{F_Bl^2}{2EI}$$

（4）建立补充方程：

$$w_B = -\frac{ql^4}{8EI} + \frac{F_Bl^3}{3EI} - \frac{M_Bl^2}{2EI} = 0$$

$$\theta_B = -\frac{ql^3}{6EI} + \frac{F_Bl^2}{2EI} - \frac{M_Bl}{2EI} = 0$$

联立解得

$$F_B = \frac{ql}{2} \quad M_B = \frac{ql^2}{12}$$

习　　题

9.1　如图所示等截面钢杆,在 C 截面处加外力 F=100 kN,横截面面积 A=200 cm²。试求 A、B 两端约束力及杆内应力。

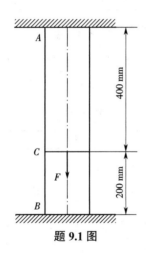

题 **9.1** 图

9.2　如图所示刚性梁 AB,其左端铰接于 A 点,杆 1、2 的横截面面积 A、长度 l 和材料相同,其许用应力 [σ]=100 MPa。如不计梁的自重,梁右端受力 F=50 kN,试求:（1）1、2 两杆的内力;（2）两杆所需的横截面面积。

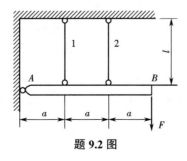

题 **9.2** 图

9.3　如图所示钢杆 1、2、3 的横截面面积均为 A=200 mm²,长度 l=1 m,弹性模量 E=200

GPa。若在制造时杆 3 短 d=8 mm,试计算安装后钢杆 1、2、3 中的内力。

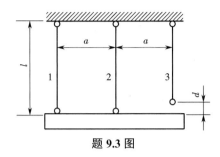

题 9.3 图

9.4　如图所示阶梯形钢杆,当温度为 15℃时,两端固定在刚硬的墙壁上。当温度升高至 40℃时,试求杆内的最大应力。已知 E=200 GPa,A_1=2 cm²,A_2=1 cm²,α=1.25 × 10⁷/℃。

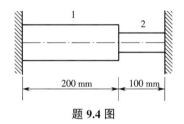

题 9.4 图

9.5　如图所示两端固定的实心截面圆杆,已知 M_e=15 kN·m,材料的许用切应力 $[\tau]$=80 MPa。试确定圆杆的直径。

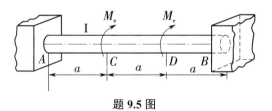

题 9.5 图

9.6　如图所示刚度为 EI 的两端固定的梁 AB,承受集中力 F 的作用。试确定固定端的约束力。

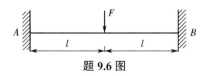

题 9.6 图

9.7　如图所示刚度为 EI 的简支梁 AB,承受均布载荷 q 的作用。试计算各支座处的约束力,并画弯矩图。

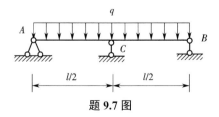

题 9.7 图

参考文献

[1] 武际可,苏先樾. 弹性系统的稳定性 [M]. 北京：科学出版社,1994.

[2] 刘鸿文. 材料力学 [M].6 版. 北京:高等教育出版社,2017.

[3] 北京科技大学,东北大学. 工程力学 [M].4 版. 北京:高等教育出版社, 2008.

[4] 单辉祖. 材料力学(Ⅰ)[M].3 版. 北京:高等教育出版社,2009.

[5] 孙训方,方孝淑,关来泰. 材料力学(Ⅰ)[M].6 版. 北京:高等教育出版社,2019.

[6] 范钦珊. 材料力学 [M].3 版. 北京:清华大学出版社,2014.